你是妈妈
更是自己

孙小祥——著

中国妇女出版社

图书在版编目（CIP）数据

你是妈妈更是自己 / 孙小样著. -- 北京 ：中国妇女出版社，2024. 11. -- ISBN 978-7-5127-2416-7
（2025.3重印）

Ⅰ. B848.4-49

中国国家版本馆CIP数据核字第2024BJ8233号

责任编辑：赵　曼
封面设计：末末美书
责任印制：李志国

出版发行：中国妇女出版社
地　　址：北京市东城区史家胡同甲24号　　邮政编码：100010
电　　话：（010）65133160（发行部）　　65133161（邮购）
网　　址：www.womenbooks.cn
邮　　箱：zgfncbs@womenbooks.cn
法律顾问：北京市道可特律师事务所
经　　销：各地新华书店
印　　刷：小森印刷（北京）有限公司

开　　本：165mm×235mm　1/16
印　　张：14.5
字　　数：260千字
版　　次：2024年11月第1版　　2025年3月第2次印刷
定　　价：59.80元

如有印装错误，请与发行部联系

|推荐序一|

做好自我管理，成就美满人生

孙小样写的《你是妈妈更是自己》出版，是我翘首以待的事，也是献给渴望成为斜杠女性的读者的一份厚礼。

我和孙小样是 2021 年 3 月 1 日在为她的机构做咨询时认识的。当时她创办了一家社会组织，组织社群学习，为一些宝妈开展服务和知识类培训，使这些宝妈将来能够有重新工作的机会，促进她们的自我发展。她当时面临的问题是机构的定位。在交流当中，我了解到孙小样出生在一个五线城市的小县城，没有什么背景。23 岁有了第一个孩子以后，随丈夫来到上海打拼。她曾经做过杂志社编辑，为了照顾孩子，辞去了原来的工作，成为一名宝妈。

孙小样心怀理想、自强不息、积极乐观、善于学习。在当宝妈的 10 年时间里，她努力平衡家庭和事业，从未放弃自我成长和自我发展。作为妻子，她尽心尽力地照顾家庭，关心丈夫，建立了温馨和谐的家庭氛围。作为母亲，她关注孩子的身心健康和全面发展，培养他们独立思考和解决问题的能力，鼓励孩子追求自己的梦想，成为有责任感的人。她在自己的职业生涯中不断学习新知识，掌握新技能，提高自己解决问题、服务社会的能力，努力在不断变化的环境中寻找新的机会。我跟她说："你就是一个斜杠人才，你可以帮助和影响更多女性成为斜杠人才。"为此，我还建议将"让更多女性成为斜杠人才"作为她的机构的使命。后来，她虽然不做机构了，但依然行进在"斜杠女性"的道路上。

在一个充满变化、不确定的社会发展中，每个人都会面临职业选择、平衡家庭和事业的关系，以及职业和工作变化带来的挑战、困惑等问题。如何面对，如何解决，如何在变化中发现和找到机会？如何做好自我管理、自我成长？《你是妈妈更是自己》这本书以个人的经历将一个普通女性的十年自我成长的蜕变路径的核心节点分享给大家，层层剖析出可操作、可复制的个人成长力落地模式，围绕"真实故事 + 思考逻辑 + 目标升级 + 行动实践"，展现一个斜杠女性在个人成长、家庭和事业三个方面的平衡探索，可以给读者有益的思考和启迪。

21 世纪是一个创业型社会，每个人都要做好自我管理，当好自己人生的 CEO。孙小样能够实现从一个全职宝妈向"斜杠女性"的转变，关键是做好了自我管理和自我发展。她的经历带给我们以下启示。

第一，每个人要成为自我发展的第一责任人。规划人生旅程是每个人责无旁贷的事情，要对自我发展负责。不要抱怨，不要埋怨环境、不要归罪于外。要关注机会，不要关注问题。要关注未来，不要关注过去。

第二，要有明确的目标和高的绩效标准。不要人云亦云、随波逐流。一个人只有明确自己要成为什么样的人，才能最终成为你想成为的人。

第三，要把精力集中在自己擅长的领域。也就是说，一定要发挥优势，做自己擅长的、有优势的事情。发挥优势，不仅是发挥自身的优势，还要发挥同事、下属以及所有和你打交道的人的优势。

第四，要做好时间管理。分清轻重缓急，根据家庭和事业的需求，合理分配时间和精力。

第五，要坚持将对的事情做对。取得成效首先应决定什么是正确的事情。效率，即正确地做事，只有做正确的事，效率才能发挥作用。选择比努力更重要。

第六，要勇于承担责任。成功最关键的因素是责任感，是自己敢于承担责任，其他一切都源于此。一个人只有能够承担责任，他才能更加负责、有效地去做决策，他才能在实践当中得到锻炼、发展和成长。

第七，要自我超越，双管齐下。不能满足于现状，必须不断超越自己。在超越自己当中，实际上也是一个人的潜能得到发挥和释放的过程。要做到自我超越，需要双管齐下：一是改善，就是把正在做的事情做得更好。要有“没有最好，只有更好”这样一种理念。二是改变，要走出舒适区，去做有社会需求的新的、难的、有挑战性的事情。

第八，要坚持终身学习。要主动学习新知识、新技能，不断提高“读、写、听、说”能力和解决问题的能力。

愿《你是妈妈更是自己》这本书，激励更多的人做好自我管理、自我发展，开发无限的潜能，成为更好的自己，拥有幸福快乐的家庭和事业！

上海卓越公益事业评估中心理事长

徐本亮

| 推荐序二 |

安宁从容，快速成长

与小样是在工作中认识的，她是我项目的操盘手，也是我生活中的朋友！

她的主业是家庭主妇，两个孩子的全职妈妈，家里的厨师、管家，还有家庭医生……

与此同时，她的副业是一个连续创业者。不断学习的她，这些年身兼心理咨询师、高级创业指导师、项目操盘手……

她是一个富有成长力的女性！在我创立的轻体态平台，我遇到过百万女性，而小样可以说是一个非常能干的职业女性，她兼顾理性和感性，有魄力，又有思考力和行动力，她操盘的项目营收和口碑都很不错！

在她心里，她把家庭主妇、全职妈妈作为自己的主业，因为在她眼中，更为重要的是家庭。在保证家庭的前提下，兼顾事业，不断提升自己，这成了她一路前进的动力！

我认为，她的个人成长和生活方式是很适合中国妈妈们的方式。

作为女性，我们在家庭端，要扮演妻子、母亲的角色。与此同时，我们在事业上也有期待，希望用自己所学和技能去创造价值，回馈社会。另外，我们也有自我成长的需要。

可是，每个人的时间有限，没有谁可以完全做到能百分之百地平衡家庭和事业，需要不断地在二者之间做出取舍、调整，在不同的阶段善用实用的智慧去做出明智的选择。这一点小样做得很好，也体现了她的斜杠精神。她的经历和成长给很多女性树立了一个鲜活的榜样，值得借鉴和学习。

在与她共同合作的过程中，她严于律己，宽以待人，欣然接受一切挑战，我很少听到她的抱怨和不满，她总是能够找到方法，如同一道光照亮自己和他人！

我相信，在难题面前能够安宁从容且快速成长，谦卑又有耐心，这一点是现代人极其缺乏的特质，所以在她的身上，我相信很多妈妈会得到鼓励，也能找到共鸣！

透过她的文字，我们看到的是平凡的故事，平凡到这些都发生在我们每一个人身上，因为我们都需要面对职场和家庭，但是文字中那些大道至简的不凡的观点，可以帮助我们成长，把鸡毛蒜皮的生活过得有条不紊，去平衡家庭和事业，并且享受其中的一切。

这本书，值得所有想要兼顾家庭和事业的妈妈在困惑的时候打开来看，你会发现，原来我们可以换个方式思考问题，你也能够成为一名斜杠人才！

轻体态创始人　百万女性体态导师　“长腿姑娘”

| 推荐序三 |

我的妻子是一名斜杠女性

2013 年 1 月 4 日，孙小样成为我的妻子，嫁给了我这个原本一心钻研技术，不大懂人情世故甚至有点木讷的“IT 男”。

她是一个积极阳光、活泼爱笑的勇敢女孩，与众不同的她，点亮了我往后的生活。

恋爱期间，我们对人生很多重要的话题进行了深入交流和沟通，我确定她是与我共度一生的伴侣，但是我并没有开口求婚，因为当初我只是个一无所有的“穷小子”。

勇敢的她，主动把自己的一生托付给我，笃定地告诉我：“没房没车没存款，没关系，我们一起努力，面包会有的，牛奶也会有的，让我们共同创造一个幸福的家！”

就这样，二十出头的我们，携手踏上了人生的冒险之旅。

如果不是遇到小样，我根本没有想过自己会和一个女孩裸婚生娃、沪漂创业、白手起家，并且在各个不同的地方体验不同的生活，在我心里，这是我对妻子极大的亏欠。

2024 年 1 月 4 日，是我和妻子结婚 11 周年纪念日。当初的纯真女孩已经成为有两个孩子的成熟妈妈。这些年，我们共建家庭、相互扶持，共同经历挑战和难题，她始终对我不离不弃，也坚定刚强，是我生命中最宝贵的另一半。

她在做妈妈之前，就是一个很要强、很优秀的女生。无论是在学习上还是在工作中，她都表现出色，我相信只要她乐意全情投入，她在职场上定会做得风生水起，前途一片光明。

自从她怀孕开始，她经历了各种纠结，最终在痛哭了好几个小时之后，她毅然决定全身心投入家庭中照顾孩子，因为她深爱着我和孩子。

孩子们很小的时候，她每天要母乳喂养、沉浸式早教，训练孩子们做很多力所能及的事情，带他们出去看很多风景，接触不同的人，培养他们的好习惯。

孩子们上幼儿园后，她每天接送，风雨无阻，给孩子们满满的安全感，并引导他们爱上阅读，学会彼此相爱。

孩子们上小学后，她带着他们上学，走路、跑步、骑自行车、学坐公交车，无论孩子们在学校里发生了什么事情，难过的、高兴的、不解的……她都耐心聆听，感受他们的情绪，尊重他们的选择，也坚持教导他们正确的原则，帮助孩子们培养辨识力和思考力，学习做明智的决定。

她总是满怀爱意地看着他们、帮助他们、拥抱他们，一遍又一遍地督导他们。

十年的过往，她用自己的满腔热忱和真心实意去建造温暖的小家，也愿意做一些牺牲和努力去帮助我们的大家庭，包括我的父母和亲人。

她深爱阅读，经常带孩子们去图书馆，后来还在家里布置了一面小型的读书墙，一本本绘本、一本本经典……她不厌其烦地给孩子们阅读。起床后、睡觉前，她从不吝啬表达自己的爱，也总是喜欢拥抱我们，给予我们亲吻和感谢，每天都会互道晚安。

她在文学上很有天赋，喜欢写作，每次读她给我写的信笺，我依旧会怦然心动。

她在文艺上也很有天赋，唱歌、跳舞，她一学就会，而且孩子们都遗传了这一点，每次看他们娘儿仨一起玩家庭演出游戏，都让我这个五音不全且肢体僵硬的IT“直男”羡慕不已但又觉得如获至宝。

她不仅在家庭中做得很好，在事业上也很出色，即使这些年她一直寻求家庭和事业的平衡，而放慢了事业的脚步。

结婚11年，她不仅自己实现经济独立，甚至在我创业的时候，她在经济上还给了我很大的支持。这些年，她付出了比常人更多的努力，成为一名斜杠女性，实现了左手家庭、右手事业的斜杠生活。

在我心里，她更是一位优秀的CEO，她一直努力学习，不断提升自己，从来没有放弃过自我成长，不管是健身、阅读还是写作，她都享受着自己的兴趣爱好，并且总是能够有所成就。

她对待自己的工作一丝不苟，和合作方保持着不错的关系。她对待邻居、社区里的人都非常友善，甚至还会邀请遇到难题的陌生人一起吃饭。她真的是太可爱了！

作为没有老人、保姆帮忙，亲自养育两个孩子的沪漂夫妻，我们真的很忙，无论是我创业时期还是现在通勤上班，我的妻子一直是我坚强的后盾。

结婚这么多年，我依旧如同热恋中的小伙子，为这个身材娇小却又坚强勇敢的女人着迷。我越发爱她，她是我最好的朋友，也是一位了不起的母亲，更是令我非常佩服的新时代的斜杠女性。

Sunny

（孙小样的丈夫，知名外企IT工程师）

|前言|

女性最好的成长就是成为斜杠人才

完成这本书的书稿时，我的大儿子10周岁，小女儿也7周岁多了，这表明我亲自带娃的“妈龄”整整10周年了，成为二胎妈妈也有7年多了。

10年的时间，我从一个刚出学校不久的大学生成了一名亲自养育一双儿女，并且不断自我成长和进行个体创业的斜杠女性！

这本书，是我这10年从“全职妈妈”到“斜杠女性”的成长记，也是我在家庭和职业之间寻求平衡、不断实现个人价值的探索之路。

什么是斜杠女性？

“斜杠青年”一词来源于英文“slash”，这一概念出自麦克瑞·阿伯尔的《双重职业》，指的是不再满足于“专一职业”的生活方式，而选择多重职业和身份的多元生活的人群。

经过我自己这10年个人成长和不断地探索实践，我对于“斜杠女性”的定义是这样的：

- 拥有一项专业技能；
- 至少有一项可以满足需求、带来价值的相关技能；
- 有正确价值观的可持续发展和自我成长的多元发展的女性人才。

为什么我鼓励你成为斜杠女性？

目前，中国的结婚率和出生率双双下降，原因是多样的，如房价的虚高、工作压力过大、科技日新月异、城市生活节奏加快、新业态层出不穷、经历了疫情、产业变革、岗位不断变化……给众多职场人带来新的挑战。

与此同时，对于很多适龄女性来说，抚养孩子方面的压力，包括核心家庭的构建、孩子的养育方式及自我成长的问题，都成为女性“婚育”路上的绊脚石。

从社会层面和个人层面来说，成为斜杠女性是未来社会发展的趋势，也是女性平衡家庭和事业过程中最好的成长方式。

当你成为斜杠女性，你会有更多的机会和选择去享受养育的幸福，从最小单位家庭端实现可复制的幸福家庭营造模式。与此同时，在不断的成长和探索中，你也能够夯实自己的核心技能，发挥自己的优势和专长，在互联网蓬勃发展和 AI 兴起的新时代，将自己的技能进行有效变现，最终实现左手家庭、右手事业双丰收。

为什么要写这本书？

从 23 岁到 33 岁，我从女儿成为人妻、两个孩子的妈妈，在全职带娃又做自媒体创业的斜杠生涯中，我遇到了太多女性，她们让我深受触动。

她们中不乏具备高学历、出色能力的人才，却因为要培养好下一代而选择自己带娃，忙碌的家庭生活和养育的艰辛让她们身心俱疲，从而逐渐迷失自己、与社会脱节，甚至因为自身角色转变的失衡和自我成长节奏的错乱而变得敏感、多疑、自卑，容易内耗。

另有一些优秀的女性，因为对于未来组建家庭的忧虑、惧怕成为妈妈耽误事业而选择放弃婚育的权利，成为“不婚族”，甚至选择丁克，回头却又觉得十分遗憾，并不快乐。

还有一些女性，她们希望改变自己，但是却苦于没有资源、不知道如何开始或是缺乏社会支持系统，只好依旧在原地彷徨……

我希望通过这本书分享我的经历和心得，能够给那些和我一样想要平衡家庭和事业的女性带去启发和鼓励，从而不断提升自我成长力，享受生活给予女性的馈赠。看完这本书你会发现，其实你也可以改变自己，开启个人破局，最终实现左手家庭、右手事业。

我的起点非常低，“十八线”小镇姑娘，高中开始就勤工俭学，靠着学校奖学金和各种兼职收入读完大学，本想着毕业后能闯出一番事业，但是各种“不可预料”的情况让我再次回到了老家小镇，随后恋爱、结婚、生子……

曾经期盼“读书改变命运”，到头来却依旧逃不过“洗手做羹汤”的生活，伴随着“屎尿屁”的新生儿养育，还有各种剪不断理还乱的新老家庭关系，我好像被生活裹挟着，喘不过来气，生活还是如同父辈那样按部就班，时常会有“翻不了身”的窒息感。

那时候，我无数次反问自己：这样的人生还有什么可能性？

孩子刚满百天，我们就成了沪漂大军中的一员，起初儿子不太好带，过敏性湿疹、婴幼儿血管瘤、睡眠问题等，让全职在家带娃的我，无论在生理上还是心理上都受到巨大的前所未有的冲击：

- 产后身体各种不适，情绪受到激素水平的巨大影响；
- 各种养育难题凸显，自我怀疑和委屈自责的感受频发；
- 失去独立的经济来源，掌心向上，消费时感到束手束脚；
- 面对在沪生活的高成本，每天支出都必须精打细算；
- 社会角色和职业身份模糊，在家带娃，与社会脱节；
- 围着孩子和老公转，失去自己的社交圈子，倍感孤独；
- 找不到自己的兴趣爱好，很难实现自我价值和个人成长……

面对成为全职妈妈的各种挑战，我也曾经失落、迷茫过，甚至在 9 平方米的出租屋号啕大哭过。后来我选择接纳这一切，也坚信与其抱怨，不如成长。

从此，我人生的齿轮开始慢慢转动。

家庭端

我深知“任何事业的成功，都弥补不了你教育孩子的失败”，因此我深刻意识到养育是我们家庭的一个核心项目，为期 18 年。

在抚养孩子的过程中，我不断开启主题式阅读，梳理不同阶段的核心家庭营造体系，培养孩子的良好生活习惯。

我深刻地意识到，只有妈妈强大才能更好地引导孩子，于是这些年我不断提升个人的专业知识，到复旦大学旁听课程，考取了心理咨询师、家庭教育指导师、教师资格证，学习育儿中各种有用的技能和知识……

第一次做妈妈，我不断学习、落地，聆听孩子的需要，积极调整和优化，经营好小家庭；成为二胎妈妈后，我深入学习了心理学、教育学，一边确立必要的规则和界限，一边给予孩子充分的自由和探索空间，享受高质量陪伴，和孩子们一起慢慢成长。

事业端

我非常享受和孩子们在一起的时光，不希望错过他们成长的每个阶段，因此我很清楚自己无法进行传统坐班制的工作。

从 2013 年失业开始，我便尝试在互联网上探索，从第一个母婴网店到现在的独立 IP 操盘手，我不断深入挖掘个人特长和兴趣，开启非典型职场，成为自媒体创业者，最终实现了在家办公，完成了个人的技能变现和经济独立。

个人端

这些年，我每天都会阅读好书，并持续写作，这两个方式不断帮助我纾解情绪，提升自我心理能量，调整个人状态，让生活变得规律又丰富。

在不断自我成长的过程中，由于开设了公众号、组建了女性社群、发起了线下抱团养娃亲子活动等各种探索，我因此获得了新的社交圈和志同道合的姐妹团，实现了个人思维的提升和技能的叠加。

也许有人会说，那是因为我生活在上海这座一线城市，所以才有那么多的可能性，在小镇上是没有办法的！

的确，现实中地域很重要，但是在当下发达的互联网时代，地域并不是最重要的，最重要的是你个人的成长，包括你的思维、认知、目标、行动和个人迭代的能力，这才是每个人实现无限可能，不断成长的“金饭碗”。

- 如果可以，愿你选择自己所爱的，一生无忧无虑；
- 如果不能，请爱自己当下所拥有的，实现翻盘逆袭。

无论你在哪里、出身如何，只要你有强烈的意愿和与之匹配的行动，你也能成为左手家庭、右手事业的斜杠女性，从而在享受家庭幸福的同时，收获人格完善和经济独立，最终实现持续自我成长和全面跃迁。

这本书从我怀孕的故事开始写起，重点围绕“怎样成为斜杠女性”这个核心议题，将一个普通女性 10 年自我成长蜕变路径的核心节点分享给大家，层层剖析出可操作、可复制的个人成长力落地模式，围绕“真实故事 + 思考逻辑 + 目标升级 + 行动路径”四个闭环进行表达，展现一个斜杠女性在个人成长、家庭和事业三个方面的平衡探索，希望能够抛砖引玉，激发你的共鸣和思考，帮助你实现更多维的立体收获。

在过去的 10 年中，我从自己出发，内观改变，营造自己的核心家庭，再到帮助众多女性成长，无论是线上的一对一私聊、线上社群、操盘训练营、母婴电商，还是线下的妈妈团、亲子夏令营、学校伴学项目，在和不同阶段的女性朋友深入交流和长期互助共享的抱团成长中，我深感女性在不同阶段完成角色转变时，无一例外对于“家庭”和“事业”选择的焦虑和迷茫，也深刻感受到女性的坚忍和信念，我希望自己能为大家做点什么。

这本书将会帮助你探索个人持续成长的可能性，无论现在的你正处于人生的哪个阶段，都希望你可以燃起希望，积极行动，成为更好的自己，拥有让你幸福快乐的家庭和事业!

在这个互联网发达、AI 兴起的新时代，我们每个女性都可以找到家庭和事业的平衡点，而成为斜杠女性是我认为的个人成长的最好方式。

无论你和我的相识是在过往的社群、公众号、一对一咨询还是线下各种活动，抑或这本书，我的初心一直没有改变，希望我不断打磨自己，成为更好版本的斜杠女性，让大家看到女性成长的多种可能性，进而激励你不断看见自己、成为自己、超越自己。

感谢所有阅读过我的公众号文章，参加过我的线上社群、线下活动的朋友们，是你们的支持和理解，给了我鼓励和力量。

感谢徐本亮老师、“长腿姑娘”的知遇之恩，助力我这本处女作书的出版，感谢专业有爱的赵编辑耐心地与我沟通、校稿，给我很多建议。

感谢我深爱的丈夫邓先生——Sunny，这些年一直给我无私的爱和支持，鼓励我勇敢做自己，并且给予实际的分析和帮助，最终让我能够走出属于自己的斜杠之路。

感谢我亲爱的孩子们在很多方面给我鼓励、安慰和启发，并一直用实际行动表明对我无条件的信任，让我勇敢地做一个新时代的妈妈，让我更有力量去突破自己，完成迭代！

如果你想要经营家庭，成为幸福妈妈，也希望自己不断精进成长、多元发展，获得家庭事业双丰收，欢迎扫描下方的二维码，通过我的同名公众号“孙小样”（ID：sunxiaoyang20130104），跟我本人链接，我们一起抱团养娃、精进成长，成为左手家庭、右手事业的斜杠女性！

人因梦想而伟大，因使命而不凡。

我期待这本书能成为你开启探索“斜杠女性”成长之路的好朋友，激发你探索自我、不断成长的潜能，乘风破浪，永不言弃！

最后，我衷心祝愿每一位翻开这本书的优秀女性，都能在践行左手家庭、右手事业的路上收获独有的“成长力”。愿这本书成为你通往斜杠女性之路的垫脚石，帮助你享受女性角色的优势，开启体验众多新角色的美好旅程，成为一名幸福快乐的斜杠女性！

孙小样

2023 年 12 月

目 录

当我明确了自己人生的重要角色和个人成长发展的方向，我仿佛拥有了一张清晰的成长地图，帮助我更有力量去集中精力实现主要目标，而不再是抱怨当下的困境，更有利于我接纳自己的当下，并且积极改变自己，一直坚持向前。

第1章

目标清晰：我的斜杠女性成长之路

事业还是家庭？这是一个艰难的抉择

2013 年 1 月 4 日，我和先生领证结婚，当时先生在一家大型集团公司当 IT 工程师，而我刚跳槽到一家心仪的广告杂志公司做编辑。

在二十出头的年纪，我们没钱没房没存款，但是我们坚信“有爱饮水饱”，双方都对未来充满希望，我们勤奋努力地工作，相信一切的美好会如约而至。

2013 年 4 月中旬，腹痛难忍的我被送去医院，检查后被告知自己已怀孕数周，但出现“先兆流产”症状，需要立即住院保胎。

令我不解的是，就在几个月前我做婚前检查时，还被几个医生告知因为身体的原因“不易怀孕”，一直在治疗“不孕不育”并喝中药调理。

突如其来的怀孕，让我又惊又喜，喜的是“不孕体质”居然这么快怀上了？惊的是怎么出现了先兆流产症状要住院呢？

那时候拿到检查报告的情景，现在依旧历历在目，我先是笑，然后便号啕大哭。

一系列的复杂情绪涌上心头，我展开了激烈的思想斗争：我非常喜欢孩子，但是婚检却被告知我的体质不易怀孕，我挣扎、痛哭，最后坦然接受没有孩子，认真搞事业；于是，我特意跳槽，在事业的发展势头正好时却突然意外怀孕。这一切，完全不在我的预料之中，节奏一下子全被打乱了。

人的经历取决于时间和不可预料的情况，我们永远都不知道明天和意外哪个先来。

调整好情绪之后，我让医生开了保胎药，没有选择住院，而是回去继续工作。

那段时间，广告公司接了几个大项目，非常忙碌，我被安排跟着编辑部主任去现场采编。我非常兴奋地举着相机，拍摄、采编、写稿，对自己的工作也很满意。

从小就喜欢和文字打交道的我，在新的岗位上如鱼得水，新鲜的一切让我认为自己的梦想正在逐步实现，那一刻我无暇顾及“保胎”这件事。

忙碌了一周，我手头的项目终于完成了，参加完庆功宴回到家，我顿感下腹一阵暖流，我出血了。先生劝我不要太拼，我觉得他不懂我对事业的追求，我对他甩了脸就回房睡觉。第二天早起，陡增的出血量让我害怕。

我再次出现在医院，一位年长的女医生接诊，看着我为了住院保胎的事情犹豫不决，甚至和先生大吵起来，她态度严肃且直接，抛给我一个至今令我难忘的问题：“保孩子还是保工作？你自己想清楚后告诉我！”

我认真思考了自己当时的选择：选择保胎，暂时住院四周，看情况可能需要延长住院时间，但结果不确定，要是保不住，随时就要清宫，得请假休息一个月；选择工作，现在正是黄金时间，公司里好的项目很多，我已经慢慢上手，干得好的话，不出半年我就有机会被提拔。

被医生请出去思考的10分钟，漫长得像是一个世纪，我的脑海里不断上演着从小到大上学的刻苦努力，还有为了读高中而勤工俭学，以及高考失利后打工、继续求学的艰辛……

这一切的努力，都不是为了现在生一个孩子，而是为了追求梦想：在我的成长经历中，“重男轻女”的思想让我很受伤，一个农村女孩想要改变“命运”的道路是非常狭窄的，读书是一条出路！

所以，我曾经望着干不完的家务和农活儿，还有一望无际的田野及自己因早年干活而变得粗糙、干裂的手掌暗暗发誓，我一定要多读书、要出人头地，去看更大的世界。

可是，理想很丰满，现实很骨感，求学的路并不一帆风顺，高考失利给了我致命的打击。“别读书了，早点工作攒嫁妆”“女孩子读书有什么用，早晚都是别人家的人”……这些话扎进了我的心里，让我至今都难以忘怀。我唯有付出比常人更多的努力，去追寻自己想要走的路，最终我还是靠着勤工俭学和高中老师的资助上了大学。

本以为毕业后可以留在读大学的城市，但是连续高强度的工作让我胃穿孔吐血，最后不得不回到老家小镇养病。养病期间我试着投简历，就去了先生当时所在的集团公司，没想到这次邂逅，就再也回不去大学奋斗的地方。

我继续自学考试、提升学历，也规划着职业发展及出国读书，但不易怀孕的我却意外怀孕，一切来得太早、太快，我为此非常纠结和焦虑。

在别人看来，我拼尽全力考出去接受高等教育是白费的，到头来还是蓬头垢面回到老家，结婚、生娃、全职妈妈，和不读书没有什么区别；在我自己看来，最好的年龄本该在社会上打拼和创造价值，而我却要回归家庭，这是社会资源和读书求学的极大浪费。

虽然我曾经读过法兰西皇帝拿破仑·波拿巴的名言：“推动摇篮的手，也是推动世界的手。”但事实上，我很清楚母辈在日复一日的重复家务和不知未来养育的岁月及常年脱离社会的闭塞中，只会变得容颜消逝、眼里无光，这一切足以让我失去自信和力量。

当下面临的这个“抉择”，不仅是保胎的问题，更是我的整个人生方向的问题。电话那头部门负责人告诉我，要是请假一个月，项目上就要招新人了。那一刻，我感觉自己的人生彻底割裂，未来不知何去何从。

23 岁的我，在妇产科外面蜷缩着身体不断地抽泣，甚至把所有的愤怒转移到丈夫身上，却忘了他也不过才 25 岁。

选择事业还是家庭？面对这个人生的分岔路口，当时的我踌躇不前。

全职妈妈的逆袭成长转折点

住院保胎的一个月，我在医院遇见了很多不同年龄的女性：她们有些是先有事业，却几次在医院做试管受孕，用痛苦和高昂的费用换取一个自己的孩子；她们有些是按部就班地结婚、生子，如今虽事业上没有起色，但夫妻恩爱，还准备生二胎；还有一些女性，她们未婚未育，很有想法、能力，最终却被生活磨平了棱角，在现实中“泯然众人”，忘记了最初的梦想，如今还免不了各种妇科问题。

听着别人的故事，想着自己的路，我茅塞顿开，意识到自己纠结犹豫的本质，可以归到一个核心问题——“我到底要过怎样的人生？”

以前求学，一切都是现成的轨迹，上学 12 年的目标就是为了高考、上大学，而大学毕业后，没有谁告诉我们路该怎么走，所以才会迷茫。后来结婚、怀孕，一切重新洗牌，却没有方向，什么都想要，但是能力撑不起野心，所以焦虑。

在医院躺着的时间看到了世间百态，我彻底醒悟：唯有目标清晰，才能全神贯注，不犹豫、不纠结地向前走。

于是，我为自己的人生设置了三个维度的目标。

从人生角色方向来看

我希望做一个受丈夫尊重和爱护的妻子，作为彼此的初恋，我渴望和丈夫白头偕老，依旧如当初遇见般简单纯真，相互扶持，一起成长。

我希望成为两个孩子的妈妈，最好一儿一女，我和丈夫可以亲自养育他们长大。我渴望和孩子共同阅读、一起游戏，陪伴他们度过婴儿期、儿童期、青春期，直到目送他们成年离开家，鼓励他们去创建属于他们的家庭，开创自己的人生。

我希望成为一个好女儿、好儿媳、好亲人，不去消费父母辈的后半生，不去消耗亲人的爱意，没有太多的牵绊和纠缠，让他们因为我们的独立和努力而获得更多的安慰和启发，让父母、公婆安享晚年，亲人之间可以坦诚相见。

我希望在他们需要帮助的时候，我有能力提供必要的照顾和支持。

我希望创立一份属于自己的事业，它既是我发自内心所热爱的，也能够为别人带去益处和支持，不仅可以实现经济独立，更能够为他人的成长带去更多价值和多维的发展可能性。

从个人发展方向来看

我要持续读书，不仅是弥补高考失利的遗憾，更是期待全面提升自己，在往后人生的各种角色中能够不慌不忙、张弛有度，相信有知识作为基础，能够智慧地行事为人。

结婚、怀孕、与新老家庭的磨合等，这些方面的知识都是学生时代课本上所没有的。成年之后，我发现自己在生活的很多方面都存在盲区，知识储备非常有限，这让我立志成为一个终身学习者。

我要精进写作。在我的身上发生了很多真实的事，我敏感地觉察到了，但有时难以启齿，而写作是一个非常好的出口，可以对自己进行梳理和疗愈，让我的思绪更加清晰，也能够帮助我更理智地思考且寻找解决问题的方法，不断健全思想，实现个人成长。我手写我心，我也希望我的心得体会可以帮助和我有同样经历的女性，从而为她们的成长点燃一束光。

我要有一技之长，并且不断拓展自己的技能，探索新的兴趣和爱好，努力做到无论世界如何变化，我都能够养活自己、创造价值、回馈社会。

从目标落地和价值实现方向来看

当我明确了自己人生的重要角色和个人成长发展的方向，我仿佛拥有了一张清晰的成长地图，帮助我更有力量去集中精力实现主要目标，而不再抱怨当下的困境，更有利于我接纳自己的当下，并且积极改变自己，一直坚持向前。

任何时候，我们都不知道当下的选择是不是最好的，但是一路走来就会发现，一切都是有方法论和行动路径的，善用以下四个维度去复盘，你会受益匪浅。

设置目标

围绕自己当下的情况和未来一年、未来三年去设置可以实现的目标，每实现一个目标就打上钩，没做好的部分主动分析原因，改变能改变的，接纳不能改变的，积极创造新的可能性。我当时设置的目标如下：

- 在家庭角色上的目标是放下工作，安心住院保胎，配合医生，实现保胎成功；

- 在事业角色上的目标是在被辞退之前开启线上创业，探索自己工作的可能性；
- 一年内在家办公，自己带娃；
- 三年内生完二胎，持续创业。

实现目标

一个目标的实现，正是探索的开始，而众多目标的实现，足以改变一个人的人生轨迹，在时间的复利中起到杠杆作用。

当时保胎很顺利，挂职休息了几个月后我失业了，但是我线上店铺的收入已经超过了我当时的工资收入，而那时我已朦胧地意识到斜杠探索的重要性，技能原来是可以跃迁的。

敢于试错

人生永远无法被完全掌控，很多时候计划赶不上变化，事实上，我们唯一可以掌控的便是自己的心态。

当我们面对意外状况，只有做到调整情绪且积极应对，才有力量去实现自我突破。每一次尝试如果失败了就积累经验，要是成功了就增加能力，而通过不断自省和梳理，可以让每一次的尝试都有可视化的成功路径，进而实现个人能力的跃迁和技能的整合。

三年抱俩，我亲自带娃，但是我不再忧虑，因为我还是朝着自己既定的大方向在前进，只是我无法像一个人百米赛跑那般冲刺，而是拖家带口地负重前行，虽然节奏慢了，但是我没有放弃，还在持续进步。

积极复盘

我非常喜欢“吾日三省吾身”这句话，当一个人善于自省，就能够更好地面对自己，也能够不断管理自己，进而成为一个更好的人。

通过“WHY”这个问题，梳理自己做事的目的和理念，深入剖析自己为什么要做，为什么会这样做，为什么结果是那样的。

通过“HOW”这个问题，梳理自己的方法和措施，深入剖析这件事可以怎么做，完成这些事需要哪些步骤，怎样保证目标顺利完成。

通过“WHAT”这个问题，梳理事情的现象和成果，深入剖析出现的问题是什么，自己做了什么，实际的结果是什么，还可以如何优化。

采用以上的闭环思维进行沉思和梳理，可以让自己从第三视角去理智地看待问题，而不是陷于负面情绪中不能自拔。

通过一次次梳理，我欣然接受了“全职妈妈”这个角色，也明确了未来成长的方向，找到了适合自己成长的节奏。

住院的一个月，成为我逆袭成长的转折点。

误打误撞的尝试：开启了第一个母婴店铺

保胎很顺利，住院一个月后我回家了，公婆为了方便照顾我，搬来和我们同住。出院时医生特意叮嘱我不要太拼，要好好休息。

在医院的日子里，凭着天生的社交能力，我和不少准妈妈成了朋友，还进了好几个妈妈群，她们每天都会在群里互动。我成了积极分子，在群里也有各种文字输出，很快成了妈妈群里的“知心姐姐”，渐渐地，大家都熟络起来。

另外，我在当时的好友圈里属于比较早婚早孕的，我毫无顾忌地把自己的所思所想都写在了空间里，意外吸引了不少同龄人关注。

那时候，我很清楚自己不能通勤上班，因为公婆可以帮忙做家务，我就结合自己孕妈妈的身份和其他朋友反馈的需求开始梳理自己的创业目标。

时间上：当时我属于孕早期，到最终分娩，会有近一年的时间，而这一年的时间里，我不仅要孕育孩子，还可以和其他同月龄或是备孕的准妈妈们有深入的链接，挖掘需求。

内容上：在孕产主题上，也许我可以做一些内容，因为我自己在看母婴类的书籍，可以结合自己的亲身体验，尝试去输出一些内容，看看大家的反馈如何。

准妈妈们都关心什么？会有什么疑问？多在妈妈群里互动，也许可以让内容创作更多样；前期可以主要围绕孕妈妈的身体反馈、心理状态和胎儿的发育情况及孕期的家庭互动情况等做情感文字输出，结合亲身实践和阅读所得做专业内容输出。与此同时，自己孕期也需要用一些产品，可以把自己觉得不错的产品推荐给大家，包括孕妇服、孕期所需、待产包、新生儿物品等。

准备上：一方面，我自己需要不断阅读母婴主题类的书籍；另一方面，围绕自己的亲身体验和实践及和孕妈妈们约聊后梳理，可以更深入地了解这个群体的核心需求。

渠道上：不断加入不同月龄的准妈妈群、参加医院组织的妈妈学校培训活动、经朋友推荐进入小区社群、自建妈妈群等，和“准客户”建立信任度。

那时候，我的淘宝店定位也越来越精准，就是做母婴店铺，目标客户是准妈妈们。于是 2013 年，我除了是一个孕妈妈，还获得了第一个斜杠身份——淘宝店主。

路径上：我边做边学习，不断梳理出做好淘宝店主的行动路径，即“了解需求—生产内容—对标人群—推荐产品—引导购买—反馈好评”，我当时并没有“烧钱”去做推广，每个月的销售额都超过了自己在广告公司做编辑的工资，这让我信心大增。

这一年，我动力满满，不断分析自己做得好的部分，细化自己的行动路径，把握细节。与此同时，我也坚信未来自己可以在家带娃的同时实现经济独立。

在这里，我非常感谢邓先生，因为在互联网的很多方面我是纯小白，但是他作为 IT 工程师，在这方面补足了我的短板。他耐心地帮我开店铺、设计页面、完成所有前期操作并教会我如何使用，甚至他是我淘宝店铺的“天使投资人”，开店保证金是他缴纳的。

因为他的助力，我毫不犹豫地开启了淘宝母婴店主的身份，投入了全部的热情。那段时间我的状态非常好，一直在研究如何找到更好的产品、提供更好的服务。

那时候，一方面，我不断寻找优质货源，压低价格，洽谈性价比高的快递合作方；另一方面，维护好最初的客户，同时不断开发新客户，做好交易过程中的体验，每一次包装我都会附上亲手写的卡片，还会赠送一个小礼物，因为我希望拿到货的准妈妈能够感受到我的用心和感恩，进而获得真实的好评。

就这样，慢慢地做着，我的淘宝店铺出单量比较稳定，好评也很多，自然流量也起来了。我仿佛打开了一扇新的大门，深刻体会到了互联网的力量。

还记得那时候婆婆不理解我每天不出门坐在电脑前的状态，她看着我不修边幅地盯着屏幕，出门也盯着手机，好心劝阻我说：“等你生完孩子，我帮你带，你还是出去找份工作吧，女人还是要经济独立的。现在我儿子创业，发展得越来越好，你一直在家里这么待着，不打扮，也不出去见人，太浪费了，这样你们俩的差距会越来越大的……”

那时候，我感受到婆婆作为过来人的劝告里，饱含着她的担忧，但是我坚信丈夫的人品。更重要的是，我在自己线上开店的过程中，对自己的能力有了更进一步的了解，这让我增强了信心。

我深刻肯定女性工作的价值，也知道作为全职妈妈对孩子的益处，所以我很笃定地回复婆婆：“妈妈，谢谢您的好意劝告。孩子我一定会自己带的，工作我也不会落下的，只是我以后都要在家办公。另外，我相信您教导的儿子是有好的人品的，我们在最穷的时候相爱，以后会越来越好，我也相信我自己的能力会越来越强，一切都会更好的！”

2013 年整整一年，我怀着孕，住在自己家乡的小镇上，打理着自己的母婴网店。直到今天我依旧无法忘记，无数次的社群约聊调研，时刻保持着旺旺客服登录状态，不断和供应商沟通产品，遇到快递造成的售后问题我先赔礼道歉，再和快递公司沟通，等等，细节琐碎，事情很多。

但是，我也感受到一切的努力都是值得的。因为供应商感受到了我的真诚，总是给我最低进货价；店铺收入也提升了，我在怀孕的这一年收入比我上班还要高；客户反馈也不错，很多老客户回购、好评、主动推荐。

更重要的是，我的思维能力、行动能力和解决问题的能力都在经营店铺过程中得到了提升。感性做人，理性做事，这次经历成为我迈向斜杠女性之路的第一次成功探索。

有时候，人容易抱怨环境，因而习惯把焦点放在自己做不到的事情上，而我很庆幸也很感谢当初的自己果敢、笃定、目标明确，善用自己的优势结合实际情况，不断挖掘和满足需求，通过理性思考，根据具体的目标去有效行动，从而我获得了斜杠女性之路上的第一桶金。

俗语有云：“你负责努力，时光负责馈赠。”现在的我，非常感谢那段拼搏的时光，让我有机会成为不一样的自己！

坚定信念建造小家：从 9 平方米开启线上创业

2013 年年末，在孩子快要出生的前三个月，我们夫妻俩深刻地意识到，与父辈同住一个屋檐下，看似得到了很多照顾，但是也面临很多矛盾和危机。

比如，父辈和我们的饮食差异巨大，老人们非常节约，一日三餐可以都吃面条，而我们喜欢吃米饭；代际矛盾和文化差异让我和公婆之间时常有误会，而作为独生子的老公作为“夹板”感到左右为难；生活习惯差异，公婆早睡早起，我们晚睡晚起，大眼瞪小眼的情况数不过来；养育观念的差异，婆婆的传统育儿法和我的科学育儿法时常上演“婆媳大战”……

我清楚地记得这样两个场景：

◆ 一胎时，我孕吐反应很厉害，情绪也跌宕起伏，总忍不住和老公抱怨。婆婆觉得我过于娇气，人家媳妇怀孕都没有那么多事，而且她总是和我说起她自己怀孕时还干很多活，甚至在老公给我洗脚、剪指甲的时候，我能感受到婆婆的“醋意”。她总是给我灌输老家孩子都是爷爷奶奶带的，小夫妻俩可以出去打工赚钱，以后养孩子哪哪都要用钱这类思想……

◆回娘家吃饭，妈妈告诉我，我嫂子孕期也要人照顾，而且我自己也有公婆，她帮不上什么忙，以后还要我自己多想办法，别耍小孩子脾气……

这两个场景，几乎每一个细节，还有我当时内心的感受，如今想起都还会觉得难受。

一方面，婆婆的言语和行为，对一个即将生产的准妈妈是非常有“杀伤力”的，我很担心他们会把我的孩子带回老家，因为我自己小时候就是留守儿童，那些痛苦和不安至今都不曾忘记。保胎成功和分娩的时候，我就一遍遍发誓，这一生，无论家里的经济情况如何，我都要和丈夫一起亲自养育孩子，把孩子带在我们的身边。

另一方面，我很清楚，在娘家那边，我早就没有太多的依靠，妈妈的“无奈”和对我的“有限”，也再次激励我必须走出属于自己的人生，未来才有彻底翻盘的可能性。

那么，我应该做点什么呢？

我梳理了做网店的经验，发现随着孕妈妈分娩，她们的关注点变成了早教及孩子的吃喝拉撒。因此，店铺里的商品需要更新。

另外，我发现每个新生儿的个体差异很大，而作为新手妈妈，大家的知识储备往往是不够的，我需要不断学习，这样才能更好地输出内容，从而满足她们的需要。最重要的是，要帮助她们自我学习和成长。

2013 年年末，我们在上海租好了房子。在孩子才百天时，我们一家三口搬到了上海，住进了老旧小区里的一间 9 平方米的房子，卫生间和厨房都是和邻居共用的，室内还没有空调、没有家具、没有装修，月租金却要

1500 元。

房子的旁边就是繁华的万达广场，当时，我每天都带着孩子去万达溜达，美其名曰带孩子开开眼界，其实就是为了蹭空调、蹭玩具、蹭网络。

我先生做淘宝电商的大学同学来看我们，我做了简单的饭菜招待，在拥挤的出租屋里，我们三个坐在床上吃着、聊着。

也就是那一刻，我决定更深入地开启线上创业，寻找更大的可能性。

淘宝店铺

淘宝店铺上新的类目越来越多，还尝试着参加官方的一些活动，这样可以不断地激活老客户、吸引新客户，从而保持店铺的活跃度。

助理文员

邓先生创业做的是 IT 服务，前期需要沟通、梳理需求，中期在搜索引擎优化时需要软文写作，后期需要维护客户等工作，可以在家办公。于是我就毛遂自荐，从此又有了第二个斜杠身份——一名助理文员。

社群群主

在任何场合，无论是线上网店交易还是线下遇见的女性，我都会尽可能地和她们产生链接，添加联系方式，建立一个又一个女性社群，我成了社群群主，这是我第三个斜杠身份。

作为沪漂族，我非常珍惜在上海遇到的每一个女性朋友，与她们的链接可以让我更好地融入这个新的城市；此外，我敏感地察觉到，女性是家庭消费的主力，我很在意她们的反馈和建议，这可以帮助我在事业上做更多的思考和更新。

2014 年 5 月，我给自己定了一个目标：三个月内一定要搬家，换到大一点的房子里。

白天，我陪着孩子在万达广场沉浸式地玩，给他拍照、记录，陪他看书、运动。在他专注于玩的时候，我就快速地回复客户咨询，处理一些简单的合同问题和文字工作。

这期间，我不断地帮助儿子养成良好的作息习惯，他白天可以睡两小时，我就陪在他的身边，坐在床上码字，一部手机、一台电脑就是我线上创业的全部工具。

我很清楚，我当时最重要的工作就是带好儿子，而此时线上创业的主要类目也是和养育孩子相关的。与此同时，帮助先生处理文字工作也让我开启了商业上的积累，在和他的甲方客户打交道过程中，我也提升了职场沟通技能。

每次在我打包的时候，八九个月的儿子都会给我递上胶带纸。

儿子睡觉的时候，我会很认真地做文字工作，完成一份又一份合同、项目需求梳理。就这样，我在 9 平方米的房间里开启了线上工作的新尝试，同时又多了两个斜杠身份。

三个月后，我们如愿搬家了，从 9 平方米的家换到了 28 平方米的家，而我也开始带着孩子在复旦大学旁听课程，一方面多维度投资自己的大脑，另一方面也尽可能地和我在学校里遇到的女性朋友建立链接。

整整两年的时间，我在三个斜杠身份中来回切换。与此同时，我也享受陪伴儿子长大的快乐，无论是自己当妈妈的状态还是文字能力和社交方面，都得到了很大的提升，在上海也结交了不少女性朋友，这些成长都推动着我在斜杠之路上更上一层楼。

二胎来了，回到老家：投入社交电商的浪潮

2015 年年中，由于先生公司业务上的合作需要，我们又回到了老家小镇。

没过多久，在儿子快两周岁时，我怀了二胎，和一胎时候一样，又出现了先兆流产情况，需要保胎。

这一年的时间里，儿子尚小，我又怀了二胎，丈夫的项目非常忙碌，眼看着淘宝店的销量逐渐下滑，我决定寻求突破，开始寻找新的可能性。

此时，微商如火如荼地发展起来了，朋友圈里出现了各种项目，包括护肤品、食物类、衣物类等各种销售信息。我非常喜欢微商的培训体系，它让我对之前做的一些事情有了整体思维，尤其是社群部分。

最终，我在一个老朋友的介绍下，加盟了我老家本地的一个服装品牌，开启了社交电商的探索。

在微商体系中，我快速学习了很多新知识，包括朋友圈营销、社群运营、客户转化和分销裂变等。最关键的是，大家不再需要第三方平台做中

介，而是可以直接微信付款，这刷新了我的认知，让我对线上创业有了更深入的思考。当我第一个月招收到一些代理之后，我便毅然关掉了淘宝店铺，开始全情投入到社交电商的浪潮中。至此，我又增加了一个斜杠身份——微商团队长。

2016年年初，我斜杠事业的关键人物出现了，她是我的贵人，我至今都非常感谢她，正是她引领我踏入知识付费的赛道，让我有机会参与到她的IP建立和发展过程中。

她是北大的医学博士、复旦大学的心理学博士后，我们初识在复旦大学校园，当时她是亲自带两个儿子的全职妈妈，与此同时在复旦读博，每天披星戴月地写书、做公众号、做知识付费问答。我非常喜欢也尊敬她，因为她为人非常专业、踏实又友善谦卑。那时候她给了我一个机会——做她的小助理，负责公众号编辑、卖书等事宜。

从那时起，知识付费的概念深入我心，之前做微商时学习的内容也在此刻实现了跃迁，人、货、场在知识付费的赛道一样适用，是非常不错的变现闭环：

- 通过公众号写价值内容，做好品牌宣传，与目标用户建立强信任；
- 通过微信加好友，组建社群，进一步加强链接和信任，形成口碑宣传；
- 通过书籍输出精品内容、版权课程，进一步吸引优质的粉丝群体并实现变现；
- 书是产品，课程是产品，商品是产品，服务是产品，通过线上不同渠道多次触达目标客户，产生交易和复购，并且通过不同的营销活动策略产生裂变；
- 人们在购买这些产品之后，会产生新的问题、需求和反馈，这些可以作为新的内容素材，反馈到公众号、书籍和课程等产品上。

一方面，微商的培训和体系化输出，让我在线上创业的商业部分迅速入门，反哺实践；另一方面，贵人的专业和她希望帮助“妈妈”的伟大理想，令我非常敬佩，也让我更笃定自己未来要走的路。

在做 IP 助理时，我深信好的内容永远是稀缺的，而好的营销方式可以把好的内容更好地传播出去，从而产生更大的价值，服务更多有需要的人，创造价值，回馈社会。

在这段非常忙碌的微商团队长和 IP 助理的斜杠探索过程中，我非常快乐和充实：作为一名微商团队长，我管理着自己的小团队，在项目销售上获得了不错的业绩，提升了项目管理能力；作为一名 IP 助理，通过和贵人的共事，我不仅在公众号运营方面提升了能力，而且在书写能力、社群运营能力及做事的专业性和逻辑性上也获得了很大的提高。

此外，作为一个需要随时处理各类手头项目、事务的二胎妈妈，我意识到精力管理的重要性。也是在那个时候，我开始大量实践，最终找到了适合自己的精力管理方式。

刻意休息

我做事特别认真，常常会“以事为先”，最后导致我在所有事情结束后才会想起去喝水、吃饭和休息。但是，二胎保胎的过程中我深知健康的身体是第一位的，只有这样才能走得更稳、更远。

所以，我开始刻意休息，做出具体的调整和行动：

◆ 每天晚上提前根据第二天要做的事情设置一个待办事项表，将一天需要完成的事项罗列出来，没有固定的时间，而是根据事情优先级灵活安排可支配时间，完成后便在事项后打钩，这个板块的内容后面会重点讲述；

◆按时吃饭，我在手表上设置了吃饭的闹钟，到点就吃，不会等到饿了才吃东西，这样无论是儿子还是肚子里的宝宝都能够得到很好的照顾；

◆定时休息，早睡早起，养成午睡的习惯，儿子一直都有比较好的作息规律；

◆主动喝水，有意识增加运动，这也是我们亲子互动和交流的美好时光。

想要保持好的状态和活力，主动休息是非常重要的一环。

特别休息

我是一个内心非常追求浪漫的人，因此我特别重视仪式感，我会把每一次和家人在一起的时间当成特别休息。

因此，每周不同的时间，我都会暂停手头的事项，去享受和儿子、老公单独在一起的时光，以及自己的独处时光，去补充能量。

◆先生下班后的时间：我们会按照惯例彼此交流、一起看书或是做一些属于夫妻特别的事情，这样不仅可以让彼此关系更加紧密，也可以彼此鼓励；

◆早上孩子起床之前的时间：我会做一些适合孕期的拉伸活动，也会看书、思考、写文章，这样的独处时光对我来说非常重要且必要，保证了我持续的好状态；

◆孩子午睡的时间：有了两个孩子以后，我开始不断引导两个孩子，使他们作息尽量一致，同吃同睡，这样我就有时间可以午休一会儿，或是坐在窗边晒晒太阳、听听轻音乐、发呆；

◆有公婆过来帮忙的时间：我会把一些事情交给他们，自己和丈夫下楼走走，或是让丈夫带着我开车兜风、出去寻觅美食，让大脑放松。

作为一个亲自带娃的二胎妈妈，个人的休息是非常重要的。因为有两个孩子，事情琐碎，外加自己还在事业探索期，做好精力管理可以让自己“充电五分钟，待机一小时”，而张弛有度的节奏感能够比较好地维持一个相对稳定的身心状态。

刻意休息和仪式感，为我以后能在各种斜杠身份之间自由切换提供了充沛的能量。

一切过往，皆为序章。即使开头很难，也要坚持做正确的自我投资，只要你没有放弃成长，时间一定会给你最好的回馈。

一拖二返沪：拼命学习，开启运营操盘

2016 年下半年，我们处理好在老家的所有事情，一家四口返回上海。

无论是我的两次保胎，还是两个孩子出生后头一年的各种养育难题，包括二胎女儿在三四个月大的时候被误诊“活不过三个月”的意外情况，都让我不断在压力下审视自己的内心。我也因为直面这些困难而变得坚定、刚强，我深刻意识到自己的使命并不是赚钱，而是帮助女性，无论她是作为妻子、母亲还是创业者。这个想法源自一段获得别人帮助的经历。

二胎生了女儿之后，26 岁我就儿女双全，可是还没开心几天，女儿满月后体重就直线下降，我和先生走遍了上海的各大医院，都没有得到确定的检查结果。

后来，我在线上链接的 IBCLC 妈妈和同月龄妈妈团给了我非常大的帮助，让我有勇气去查找孩子暴瘦的原因，最终发现女儿根本不是得了什么怪病，只不过是因为舌系带问题而导致母乳吮吸不足，是活生生“饿瘦”的！

我非常感谢当初上海妈妈团给我女儿捐献的母乳，也感谢母乳指导的社区妈妈给我的帮助。经历这段令人揪心的时间，我暗下决心，我要持续学习和进步，是女性朋友帮助了我，有一天我有能力也要回馈女性。

那一刻，我感受到了真知的可贵，也感受到了网络的力量，同时我深感女性这个群体是感性的、温暖的、多元的、美好的、富有价值的！

人生的道路上总会有意外，我能掌握的就是提升自己，在这些意外下成长自己。

2017 年年初，我开启了“线上 + 线下”的疯狂学习，投资自己的大脑。这一年，我考了很多证书、听了很多课程、读了很多书、加入了很多付费社群。

这一年，我见了很多大咖、拜访了很多老师、为他们做了很多事、链接了很多优秀的人。

半年的时间，我细心体会和孩子们在一起的时光，非常纯粹地和他们一起成长，开启亲子阅读，也帮助两个孩子养成好的生活习惯。

2017 年，我深度参与了三个知识付费的高客单价的训练营。半年的时间，我都在不同的社群里打磨自己，不断地把我所学到的和我以往所做过的事情整合起来，完善个人的知识体系，收到了可视化结果，超额赚回了学费。作为优秀学员，我甚至被当时的 IP 老师邀请加入他们的团队。

看似不顺利的人生之旅，却让我意识到“平衡”的重要性，也是在那个时候，我对“斜杠女性”的定义有了初步的诠释。

2018 年年初，我深度运营了四个线上的专题训练营，助力 IP 从 1 到 10 发展。在这个过程中，我不断验证和落地了自己在整体操盘项目上的能力：

- 通过“产品＋渠道”，实现了项目的起步；
- 通过“产品＋渠道＋营销”，实现了项目的增长；
- 通过“产品＋营销＋运营”，实现了项目的扩张；
- 通过“营销＋内容＋服务”，实现了用户的积累。

我深刻地意识到，一个品牌想要得到他人的认可，一定要做到“价值呈现”和“极致利他”，需要不断实现价值交付，包括需求体验、交易体验、身份体验。在对这三种体验的深挖过程中，我看到了自己的天赋——感性的力量和理性的专注。

感性的力量让我能够与他人进行更深度的链接，在细节上做好把控，而理性的专注让我能够做出合理的判断和把控方向，不断衡量投入产出比，也懂得及时止损。

这两年和不同的 IP 合作时的磨炼和成长，让我真切地感受到个人 IP 的力量，让我获得了丰厚的现金回报，月营收最高甚至达到了 10 万元。我更加坚定了要在知识付费领域深耕，我意识到操盘手和 IP 的重要性。

非常感谢在这个时间段里遇到的各种人，无论最终是相忘于江湖还是君子之交淡如水，过往的经历依旧是我生命中不可抹去的一笔，正是这些照亮我来时的路。

撕裂式的成长，看似不容易的人生道路，恰恰激发了我的内在动力，让我邂逅了更多美好的意外和精彩，持续探索自己的可能性。

这两年的时间里，我高效地利用时间，也和丈夫有了更高维度的交流和了解，同时，我们有了两个健康且相亲相爱的孩子。

结婚、生娃、创业是人生三件不容易的事情，而成长的这些年，我们同时推进着这三件事，这一切经历都让我们成为更加成熟的人，也为我们未来的良性发展打下了扎实的基础。

努力看得见：我明确了个人成长的创富地图

时间猝不及防地来到了2019年，我和家人经历了第五次搬家。我们在闹市区的中心地段安家，周围环境十分便利，出行也很方便，公共设施很齐全。

此时，儿子开始上幼儿园，女儿也长大了不少，他们两个很健康，也非常快乐。

偶然的机会，我邂逅了另一个贵人，她是一位非常美丽、智慧的女性，因为自己的孩子而创业，在绘本领域做得非常好，获得过多轮融资。

我们见面的那一天，深入交流了很久，她带我参观上海地区的多个绘本馆，在我了解了她的理念和产品线之后，我们一拍即合，决定深度合作。

那一年，我带着孩子们体系化地进行双语阅读，成为一名阅读推广者，不仅自己开设了线上训练营，还深入开展了线下各类亲子活动，包括线下故事会、双语夏令营、学校伴学项目等，通过线上和线下有效联动，每月的营收也实现了翻倍。

在这个过程中，最让我觉得幸福的不是收入的翻倍，而是在做这些项目的时候，我的孩子们可以参加，实现了“带着孩子去上班”的理想，而且也帮助很多家庭开始改变，以绘本为切入点，影响更多的妈妈成为自己，创造价值！

那一刻，我笃定，读书是有用的，而我带着孩子上班的模式是可以复制的，更多女性尤其是全职妈妈是可以实现非典型职场的斜杠生涯的。

随着合作越来越多，我注册了公司，以一个创业者的身份开始多维成长，向内扎根且向外探索。

美好不仅不期而遇，还接踵而来，注册公司后不久，我就接手了一个核心地段的线下场地的运营，让我可以立足社区落地自己的创业初心。

我至今感谢我的贵人老师们和社区里的居民朋友们，是她们的托举和助力，让我有机会不断开创斜杠女性成长模式，从一个 IP 操盘手迭代为一个自媒体创业 CEO。

和邓先生商量之后，我们一致决定接受这个全新的挑战。

那时候，孩子们非常快乐，因为他们可以跟着妈妈在花园般的场馆里工作、玩耍、遇见各种各样的人，大家抱团养娃，在新的社区里也更有归属感。

此时的我也在逐步完善个人成长的创富地图，打磨可复制的变现渠道和行动模板，细化实践方案。

在接手线下场地之后，我非常认真地思考，而这个考虑的底层逻辑其实在其他事情上同样可用，因为任何技能和经历都是可以联动和跃迁的，这里特别想分享给大家。

和家人沟通

这是非常重要的一环。无论是先生还是孩子们，他们都是对我非常重要的人，无论我接下来有什么打算和安排，我都会第一时间告诉他们，因为我知道一个女性想要做点事情，非常需要家人的支持和参与，家庭稳定是事业发展的基石，尤其对于斜杠女性来说。

孩子们非常喜欢我接手的新场地，并且在活动设计上成了我非常好的灵感来源和打样对象。

当时还在读幼儿园的儿子甚至会帮我在他的“朋友圈”里宣传亲子活动，果然是一直跟着妈妈长大的孩子，这些年想必也耳濡目染了不少。

年幼的妹妹超级乖巧，无论我做什么事情，她都非常乐意配合，像我的小跟班一样寸步不离，不哭不闹，也会自得其乐。哪怕我谈客户，她也是乖巧地在旁边看绘本、画画，耐心等待。

当然，开始创业之后，和当时“个体户”的状态就不一样了，我感觉肩上的担子更重了，尤其是有了稳定的合作伙伴之后，这也使得我在家庭端的状态不如以前松弛了。

其实，我们每个人在生活中都难免遇到挑战和压力，直面困难可以让我们更好地正视自己的感受和成长卡点，也有利于寻求他人的理解，为我们的选择助力。

无论是成人还是孩子，只有当他的感受和需求被看见了，才可能被纾解，最终形成良好的反馈机制和正向循环。

这里不得不说，主动沟通可以帮助你避免生活中 90% 的误会，也能让你有精力去高效处理当下的问题。

那么，如何进行有效沟通呢？

自我觉察

在开始沟通之前，先觉察自己和对方当时的状态和情绪状况，选择合适的时间进行沟通。

罗列需求

明确自己的沟通目标是什么。期待达成怎样的沟通结果。对方可能会有哪些反馈。我有什么好的应对方案。最终实现的目标是怎样的。

调整情绪

沟通不仅要解决问题，更要注意感受，尤其是亲人之间的沟通，很容易因为拿捏不好情绪而导致“误伤”，需要以尊重的口吻、温和的态度、对事不对人的处事原则进行交流。

合理反馈

当对方的反馈和你预设的想法不一致的时候，不要着急反驳，尝试换位思考，去了解对方的真实需求，给予合理反馈，积极真诚地表达，以实现共赢。

沟通方式

在沟通过程中，互动必不可少，一方拼命地讲，另一方绝不说话，这样的沟通容易陷入僵局。因此，日常要刻意训练自己的沟通方式，不断学习有效沟通的技巧。

进行自我梳理

在不断斜杠探索的过程中，我充分意识到要获得结果，先要充分了解需求，设置核心目标。

在实践中，事情的变数很大，提前梳理可以让我心中有数，在确定的需求之下不断地优化行动路径，更容易保持目光专注，从而取得事半功倍的效果。

无论是线上的项目运营，还是线下的项目操盘，抑或个人成长，都有相似的方法论和行为路径。

一个人就可以成为一个品牌，正如《创富》中所描述的：每个人都可以有自己的成长知识地图。具体可以归结为以下几个方向。

方向一：定位聚焦

任何一个品牌，无论是产品品牌还是个人品牌，有自己的 IP 定位，才能更好地获取流量，实现有效变现和持续增长。值得留意的是，在一个项目中，有流量、有资源的人和可变现的商品、服务是核心的两个方面。

以运营线下场馆为例，我先把这个项目以往所有的人脉表、资源库整理归档，无论是线上私域、全网公域还是线下的合作机构，都统一梳理后可视化地呈现出来。

另外，明确服务对象是核心要素之一，因为任何项目不可能有两个服务对象，一个项目的落地其实就是满足一种需求，解决一个问题，形成一个结果。

在一次服务的成功落地基础上，不断复盘优化，通过提供短期价值和长期价值，高频、深入地接触、服务对方，深挖他们的其他需求，围绕新需求设计新产品和服务，进一步完成后续的变现。

方向二：建立人设

在不断探索斜杠之路的过程中，我认为定位不等于人设。

人设是理想化的刻意打造，是一个长远的目标和要实现的愿景，而定位则是针对自身长板的独特性而发展人无我有的优势。

因此，无论是个人还是企业，都要找到自己的长板，深挖且垂直去做，直到这个长板成为别人不可取代的超级长板，就好比成为一个超级 IP，一定会有自己的“护城河”。

当时，我接手的线下项目已经具备不错的行业口碑，而我属于站在巨人的肩膀上做事，当时我主要做的事情就是利用自己这些年在社群上的探索，有效地链接多方资源，形成互推和联动，利用项目的长板和场地本身的特色与周围资源进行有效整合，形成该场地的专属能量场，不断强化人无我有、人有我优的超级长板，吸引更多的人来到场馆、爱上场馆，不断产生强信任和口碑裂变。

方向三：传播裂变

我始终相信，无论线上还是线下，都只是一个场域，在场域里最重要的还是有价值的内容，而人是内容中最关键的一环。

因此，在项目的操盘过程中，我不断发掘真实的、有故事的人，与场地发生链接，对于打磨好的选题反复做，输出真实且有温度的内容，快速抓住我们的目标用户，得到更多的关注。

方向四：链接心智

任何项目，想要做好做强，势必要秉持长期主义，达到众望所归的效果，和做人一样，需要真善美，需要他人希望你成。如何运营好老朋友？如何吸引新朋友？怎样对待陌生人？这些都是需要不断实践和完善的。

与此同时，用户在哪里？用户来到这里有哪些需求？他们来的次数如何？这些问题都可以帮助我更好地、有的放矢地运营场地。

方向五：抓住红利

线下项目的益处在于，一个好的地段必须会有自然流量，通过内容运营积累粉丝从而有效变现。

另外，和周边项目有效合作和联盟也至关重要，可以通过共同发起活动，定向引流实现转化留存，实现多方共赢。

而线上的项目运营，在于不断增强 IP 的影响力和势能，底层逻辑也是相似的。

方向六：转化变现

当流量来了，能否承接住，并进行有效转化，这非常考验操盘手的综合能力。

在线下项目的运营过程中，快速学习和整理有效资料，做成各项 SOP，有助于善用时间、节约精力。对内可以更好地培养新人，帮助他们从零基础到快速入门；对外可以进行有效的文字输出，因为日常的梳理工作会变得有序高效，哪怕是临时的接待或是客户到访，也能够因为事先准备的文字内容而完成很好的传播交流。

这一切都为后续的转化变现做好了铺垫，场地变现、服务变现、定制项目……针对不同的人群推出适合他们需求的不同产品，收益自然水到渠成。

方向七：底层认知

整体操盘的这一年，我对于商业部分的认知能力得到了提升。

首先，获取财富的方式是不同的，这方面思维的提升让我能够更好地利用时间和精力，不断调节个人成长的节奏。

第一种方式：靠劳动赚钱，出卖自己的时间。

第二种方式：靠信息差赚钱，出卖资源。

第三种方式：靠思维模式赚钱，匹配市场需求。

这三种方式在我过往的操盘中都已经得到了验证，我发现自己更喜欢第三种创富方式。

其次，持续输出的核心原则是每个人都必须掌握的。

第一，敢于创新，敢于冒险，懂得试错，垂直深挖，这是持续成长的路径。

第二，善于梳理，积累知识，放下身段，多维学习，这是向内打磨的路径。

第三，乐于做好自己不愿意做的事，勇于突破自己的舒适圈，这是向外打破的路径。

最后，作为操盘手，有三点是切忌的：

第一，追逐规模而忽略利润，当时我发起了很多特色主题社团，但事实上整体营收并不高；

第二，只顾埋头苦干而忽略时机，靠劳动赚钱出卖的是精力，但是风口和红利是需要及时把握的；

第三，有商业思维却缺乏用户思维。用户是第一位的，满足用户需求的直接成果是变现。

方向八：穿越周期

任何项目都是有周期的，个人的成长也是，不同阶段会遇到不同的难题和挑战，需要不断地、持续地学习和成长，也需要灵活变通。

在个人成长的创富实践中，我深刻理解了“一个人走得快，一群人走得远”。以项目操盘为例，我们在实践中需要做好以下五点。

第一，不断穿越黑洞期。比如，刚开始还没有很好的营收的时候，需要继续打磨自己的专业，提升技能，梳理项目中被忽略的核心需求，才能从 0 到 1、从 1 到 10。

第二，能够承接核心流量，转化为私域“铁粉”。从公域中引流，在私域中存量，能够服务好1000个核心用户，项目就可以很好地持续下去。

第三，重复做出爆款产品。自媒体时代，信息量很大，根据自己的定位持续输出好的价值内容，可以更好地对外展现，爆款可以吸引更多的关注。

第四，快速上线可变现的产品。有一个口号叫作“再小的个体也是品牌”，梳理一个最小化的可变现产品，可以帮助我们不断在市场上衡量自身价值，同时，也为我们提供了继续打磨的舞台。

第五，多赢互动实现资源整合联动。创新合作是必须做的事情，一个人活成一支团队是发展的1.0时代，想要继续发展，学会合作是必不可少的。

无论是对于创业者还是IP，这幅成长地图都是值得借鉴和思考的。

未来，我要把自己当成一个品牌去经营，把自己的人生当成斜杠之旅去看待，珍惜每一个遇见的人，因为他们教会了我成长、成熟，也让我在不断的实践中越来越富足。

和各方链接合作

一个品牌想要做起来，需要各个环节的相互配合，要求操盘手具备多维度的技能，包括但不限于产品定义能力、渠道能力和供应链能力，而这背后的核心是链接。

当你不断进步，就需要与各个合作方进行深入合作、实现共赢，这样才能轻成本投入，做到人尽其用。关于这点，上面的内容已经提及，这里不再赘述。

一年多的时间，在独立操盘了线下的整体项目之后，我将过往所有经历和积累做了彻底的复盘，突然意识到原来营造家庭和开创事业是异曲同工的，核心就是持续提升个人成长力。

想要成为兼顾家庭和事业的斜杠女性，需要不断深耕专业技能，拓展至少一项满足需求且可以带来价值的相关技能，并且拓宽自己的思维和格局，才能成为一个拥有正确价值观的可持续发展的多元人才。

当我明确了个人成长的创富地图，无论是做项目还是个人成长，都有了更清晰的方向。

30 岁这一年：我的人生开始复利增长

我的线下项目正如火如荼进行时，生活中的“黑天鹅”事件出现了，2019 年底新冠病毒开始肆虐。后来上海封城，一切几乎回到了起点，我在 2020 年 8 月结束了线下的操盘。那一年，我 30 岁，已经营婚姻 7 年。

从来没有想过，30 岁会来得那么快，但是这些年的探索意义非凡，因为我一直自己带着两个孩子，让他们参与我的生活、工作。在探索自己的非典型的斜杠女性之路过程中，我收获了倍速的成长，也一次次依靠技能变现，实现经济独立。

这些年的尝试和成长，让我对未来无比笃定，即使项目发生了改变，我也能依靠扎实的技能继续向前，这就是知识的力量和成长的勇气。

经过短暂的休整，我们再次搬家，这次换了一个带花园的大房子，住进了七年前梦想中的房子。我的人生也开始复利增长，实现多维收获。

家庭上，我和先生跨过了“七年之痒”，我们更加了解对方。为了拨出更多的时间经营夫妻关系，丈夫调整了工作，从创业到知名外资企业 IT

工程师，我们有了更多的时间去享受辛勤工作的成果。

育儿上，我们的两个孩子慢慢长大了，他们非常独立，能够做很多力所能及的事情，热爱阅读、喜欢运动的他们，抵抗力很强，很少生病。最重要的是，他们彼此手足情深，对学习保持好奇心，善于尝试新的挑战。

事业上，我明确了自己的擅长和热爱，以文案为核心技能，有效进行整体操盘，以操盘手为核心变现项目。我有幸与高能的专业 IP 深入合作，不断将自己过往的积累和新学习的专业知识落地到项目中，实现了百万元营收。

与此同时，我也慢慢在自己热爱的赛道里尝试做一个成长型 IP，诚信、专业、创新、共享，希望让更多女性成为斜杠人才，获得家庭、事业双丰收。

个人成长上，我不断梳理自己的思维和这些年的学习思考以及经实践验证的方法论，目前已累计输出 300 万字，包括婚姻、家庭、育儿、个人成长、斜杠事业等不同板块，未来期待能够将有价值的内容出版为一本又一本对他人有益的书。

随着互联网快速发展，AI 急速兴起，机会众多，哪怕是“草根”，也有机会逆袭。

我从来都不觉得世界上有“铁饭碗”，要是有，那就是你的成长力，它将帮助你迎接挑战，提升专业，持续迭代。

生活不会一帆风顺，过好当下，不断创新，在有限的生命中，不断做自己喜欢且对他人有益的事情，持续学习，专注行动，才能对自己的生活越来越有主动权。

亲爱的你，无论现在你的状态如何，一定要对自己有信心，直面自己，不断地调整行动；如果现在你还没有过上理想的生活，请不要埋怨，也不要放弃，只要你还在继续进步，就不会失败！

人生的际遇是不确定的，唯一可以确定的是管理自己。对于普通人来说，没有出生在罗马，也很难一夜暴富，有的只是逐渐明朗，不断探索，找到自己的节奏，持续成长！

从 23 岁到 33 岁，我的 10 年成长之路，每一步我都走得很踏实，我也越来越喜欢现在的自己。

在 33 岁到来的这一年，我实现了左手家庭、右手事业的最大平衡：

我是一名连续创业者，拥有自己的一家小公司，有满意的营收；

我是一双儿女的妈妈，和丈夫共同养育儿女、持续成长，有和谐幸福的家庭；

我是一个每天阅读和写作的终身成长者，未来，还会有更多新的身份和角色等着我去开启！而正在看书的你，准备好成为一名斜杠女性了吗？

如果你的答案是肯定的，那么请继续往下读。接下来的内容，可以帮助你从 0 到 1 实现成长，助力你成为自己人生的 CEO。

当一个人越来越优秀，会有更多的机会找上门，这时候懂得取舍是非常重要的，利用 80/20 法则，做时间的杠杆应用，可以让你的时间更好地用在那些高成效的事务上，对低成效且消耗你的一切要及时断舍离。

第2章

掌控时间：

寻找成长的可能性

诊断你的时间：时间都去哪儿了？

现代都市人的生活节奏越来越快，时间非常紧张，每个人都行色匆匆，相当忙碌，你是不是也一样？

在日复一日的忙碌中，你可曾想过："我们的时间都去哪儿了？"

我通过查询相关资料发现，每个人光是基础的生活需要，就已经花费了很多的时间。

◆ 睡眠：按照马斯洛需求层次理论，这是人类的最基本需求，也是保持身心健康的重要因素。根据世界银行等组织的测算，一个人有三分之一的生命时间即大约 28.3 年都是用来睡觉的。

◆ 工作：每个人想要生活下去，都自称打工人，每天必须"搬砖"，因为这是普通人的经济来源和社会角色。根据《中国劳动统计年鉴（2020）》显示，2019 年城镇职工每周的平均工作时间为 46.8 小时，这意味着我们有 10.5 年的时间在搬砖。而且，很多人还要面对"996""超级大小周"等加班现象，这意味着每天的工作时间会更长。

◆通勤：上下班高峰通勤，链接着大家的工作和生活，环顾四周可以发现，地铁里清一色举着手机的人们，在看手机的过程中时间无形溜走，一去不返。国家统计局发布的《2018 年全国时间利用调查公报》显示，有超过半数的居民每天都离不开交通活动，参与率仅次于除生理活动外的做家务和看电视。从时间上看，北京的平均通勤时长最久，60 分钟以上通勤时间占比最高，是当之无愧的“通勤重头戏”，27% 的人在北京每天花两小时以上的时间上下班。通勤时间受到通勤距离和交通便利程度的双重影响，你认真核算过自己一天花在通勤上的时间吗？

◆家务：生活中，每个人都要做家务，而且属于无酬劳动。作为女性，更多地承担了家庭中的家务劳动。

有意思的是，有的人每天除了工作和家务之外，还会有个人自由支配的活动，如休闲娱乐和社会交往，这些加起来的时间也不少。根据世界银行等组织的测算，我们的一生中有 9 年的时间在吃喝拉撒，更令人惊讶的是，我们居然用了几乎同样长的时间做家务。

◆娱乐：随着互联网的发展和城市化进程加快，娱乐越来越丰富，成了很多人忙碌生活中的调剂品和安抚剂。根据相关组织测算，人的一生大概有 9 年的时间会花在娱乐上。

经过以上数据分析，你一定会恍然大悟，原来日常生活就已经花去我们人生的一半时间了，时间真是不够用呀！

我很喜欢李笑来老师在《把时间当作朋友》中提到的一个比喻：我们每个人都有一个账户，银行每天都会准时存入 86400 元（一天有 86400 秒），第二天凌晨，无论这笔钱还剩多少，都会被清零。

如果你有这样的账户，你会怎么对待每天存入的钱呢？

我想大家的回答一定是一致的，那就是把钱全部取出来，花费在有价值的事情上。

其实，我们每个人都有这样一个时间账户，无论你是谁，每天都有 24 小时（86400 秒）。如果你想要成为一个斜杠女性，就必须先去诊断自己的时间。

金钱用在哪里，就会在哪里产出。同样地，你的时间用在哪里，也关系着你个人成长的效能和收获。

不管你是未婚还是已婚，抑或当妈妈的女性，当你不能梳理清楚自己的时间使用去向，你就无法将它们有效投资在个人成长的事情上。

一个人的一生很短暂，在短暂的一生中，我们最多能做多少事？

在我阅读了俄罗斯作家格拉宁所著的《奇特的一生》之后，我深刻感受到最高级的自律不是被时间控制，而是与时间做朋友，善用时间把一辈子活成几辈子。

对于我自己来说，三年抱俩，没有老人和保姆帮忙，既要照顾家庭，又要兼顾工作，还要留出时间给自己成长，真的会感觉时间不够用。

在阅读了大量时间管理类书籍之后，我清楚地意识到想要管理好时间，必须先清楚了解自己的时间使用情况，通过每天的复盘和定期的检讨，才能更好地优化完善自己的时间使用率。

被手机“抢走”的时间

打开手机监控，你会发现每天在各种软件上花费的时间真的太多了，要不是手机有记录，这些是不容易察觉的。

明明只想搜索一个素材，却被新上热搜的新闻吸引了；

明明只是买个东西，却被一个又一个推荐页面俘虏了；

明明只想找人交代一件事情，却在好奇心的驱使下聊个没完没了。

原来，我以为使用手机是为了完成工作，后来发现并不全是。细化梳理以后，我发现在手机上花费了太多时间，如无意义的闲聊、刷朋友圈、看短视频等，而且稍不留意，就会进入“无脑状态”，任凭时间悄无声息地流逝。

每天有六七个小时的时间花费在手机上，其中一大半的时间与工作并没有直接关系。也就是说，一周我至少有 24 小时的时间是白白浪费的，这些对个人成长并没有长远益处，只是满足一时之快罢了。

按照每天 10 小时的睡眠计算，白天醒着的时间也不过 14 小时，一周里我竟然浪费掉快两天的白天时间。

当你觉得自己很忙的时候，不妨先停下来记录一下自己每天做的事情，把一周所有要做的事情列一个清单，这样便能够更理性地发现自己利用时间的真实状态。

有了清晰的记录，便有了调整的方向，可以重新规划那些被手机“抢走”的时间，用在阅读、听课和写作上，为后续的个人投资和价值积累做准备。

被他人占据的时间

我有三个微信，每个微信里都有上万的好友，也有各种各样的社群及群聊，因此每天只要打开手机，各种消息会扑面而来：

“小样，最近我遇到了很多不开心的事情，想和你说说。”

“小样，上次你在朋友圈发的那本书链接发我一下。”

"小样，我明天有个演讲，需要你帮我看看发言稿，比较急。"

"×× 妈妈，最近我们学校有个活动，你参加一下吧？"

"小样老师，好久没联系了，你最近好吗？"

……

起初，我很享受和大家的链接，但是随着消息越来越多，我发现我内心的快乐减少了，我逐渐意识到自己的时间被外界的各种人和事占据，我不再是张弛有度的状态，而是被迫无奈的感觉；后来，我不断自省和内观后发现，自己原定的计划和当天待办事项的节奏被打乱之后，不仅使我做事效率大打折扣，还增加了很多意料之外、需要我处理的事情，这使得我压力巨大、焦虑不堪。

这一切，推动我不得不思考哪个环节出了问题。

表面看，是我不懂得拒绝，每次看到消息就秒回，时间被他人无情占据；

深究看，是我没有捍卫自己的时间，更没有看清自己时间的价值，让别人拿走了我的时间。

事实上，我总是试图让自己快速解决紧急的事情，却忽略了事情的轻重缓急，导致时间混乱，于是我在两个维度上开始做出调整。

第一个维度：要事优先

我会至少提前一周安排好要处理的事情，根据重要和紧急的情况对事项做标注，并且写好事情完成的最后时间，这样每一周的重要事项都可以有条不紊地完成，状态也越来越好。

第二个维度：懂得拒绝

我不再轻易答应别人临时插进来的事情，就算答应也不会立马去做，而是提前告诉对方自己可以做的时间，并根据情况做出评估且收费，这样既能给自己的时间留有余地，还可以善用时间的价值，集中精力去认真完成答应别人的事。

在工作中，对于那些很紧急且其他人可以替代的事情，我会立即拒绝，这样也给别人机会去相互建立链接。我不需要把所有人、所有事都揽在自己身上，不然早晚有一天会精力透支。

在生活中也是一样的，通常并不会有什么紧急的事情，此时建议把手机中的社交 App 设置成勿扰模式，当自己需要专注于某事时，可以将手机调成静音或是飞行模式，以免被别人打扰。

另外，对于那些喜欢找你闲聊、社交或动不动就给你发信息问这问那的人，你可以做一张收费海报，当他们一次次找你倾诉的时候，你可以尝试把这张海报发给他们。我亲测过，非常有效果，因为真正认可你的人会为你付费，而不认可你的人可能只想“白嫖”你的时间。

通过不断践行“要事优先”和“懂得拒绝”，我逐渐拿回了自己的时间掌控权。

被身份“捆绑”的时间

三年抱俩的二胎妈妈怎么可能会有自己的时间？

一边是大宝希望得到妈妈的关注、陪玩又陪读，根本停不下来；另一边是小宝需要妈妈母乳喂养，恨不得 24 小时挂在身上。

新生儿和幼儿，遇到的问题不一样；儿子和女儿，性格又有很大的差异，养育方式也要因人而异……

既想要当好妈妈、好妻子，又想要事业进步，还想要留点时间给自己，“既要、又要、还要”，最后被各种身份“捆绑”，焦头烂额的我不断陷入负面情绪中：

- 我为什么要这么早就生孩子？
- 一个还没有长大，我为什么要再生一个？
- 儿子过敏，女儿瘦小，我会不会当妈妈？
- 老公根本不懂我，他不能很好地帮助我，还添乱！
- 身材臃肿、情绪起伏，一事无成，我怎么变成这样了？

各种角色的责任和期望与现实的差距，让我整个人都感觉非常糟糕，心态濒临崩溃，对丈夫的抱怨开始增加。邓先生觉得产后的我简直不可理喻、刁钻、任性、很难伺候，生完二胎的一段时间，我时而抑郁、时而狂躁。

我知道自己不能继续这样下去，于是开始“自救”：去图书馆进行大量阅读，去复旦大学听课、报名心理学课程，找合适的真朋友。慢慢地，我找到了成长的突破口，也重燃了扮演好每个角色的希望。

事实上，成为妈妈以后，无论是全职妈妈还是职场妈妈，内心都会有愧疚：全职妈妈在家带娃，每天有做不完的活儿，还要解决各种新手妈妈遇到的问题，总感觉缺乏价值感；职场妈妈要出去上班，通勤、背奶，还有母婴分离，各种情绪涌上心头，回到家还要处理很多事情，简直是焦头烂额。

这里有一个非常重要的思维要点，在知道如何拥有自己的时间之前，我们要先想明白为什么要拥有这些时间，只有目标明确，才会全神贯注。

日本医生吉田穗波由于大女儿刚满一岁不久便因为肺炎引发气喘，在工作和家庭的两边奔忙中，她彻底意识到“若要改变现状，只能积极提升自己”，因此她产生了进修的想法。

从申请入学哈佛、准备考试到被录取，她只花了半年时间。2008 年 8 月，她带着三岁、一岁和一个月大的三个女儿，与丈夫一起前往波士顿，两年便取得了哈佛医学博士学位。更厉害的是，留学期间居然还怀了第四胎，而在她的新书《就因为没时间，才什么都能办到》出版的时候，她已经是五个孩子的妈妈了。

很多女性会觉得自己很忙，其本质是没有搞清楚自己到底要完成哪些事。吉田穗波的经历告诉我们，要先明确自己要做的事情才能找到时间，进而善用时间过好自己的一生，而不是让“忙”变成“茫”，最后成了“盲”，最终曾经的梦想也只会在遗憾中消亡。

被情绪“吞噬”的时间

正如上面提到的，女性的优势在于我们更敏感、更感性，因此能够敏感地留意到周围的人、事、物，从而很好地处理各种角色。但稍不留神，也会让自己陷入各种情绪内耗的旋涡中：

- 万一这件事情做不好，别人会怎么看我？
- 孩子刚才为什么要和我顶嘴，他是不是对我有意见？
- 老公为什么没有回复我信息，他是不是不爱我了？
- 那个客户为什么用这样的态度和我说话，太过分了吧？

日常生活中，我们会遇到很多人，无论是家人还是社区里抑或每天买菜时遇到的陌生人，每个人都会因为自己的成长背景和当天的遭遇而有自己的情绪和状态。如果我们在和他人社交的过程中过于敏感，很容易因为对方的一些话或一些行为而产生情绪内耗，甚至深陷其中而不自知。

我以前也会这样，后来我善用心理学的“情绪转移法”（首先觉察自己的情绪，其次暂停，最后赶紧把自己的注意力转移到手头马上可以做的或自己感兴趣的事情上)，有效地保护自己的能量，避免了自己的时间被情绪消耗。

觉察是改变的第一步，及时止损是非常明智的选择。

被无情“忽略”的时间

回想起来，其实在两次生娃后，我们都有和公婆同住的时间，那时候他们还非常年轻，也乐意帮助我，但是我并没有觉察这些具体的时间。

那时候，我很忙，每天有很多要做的事情，但是我没有做好与他们的通力合作，导致没有有效地利用时间。

比如，如果我能够和公婆好好沟通，将具体需要分担的家务和事项罗列出来，提前规划且备注时间，我就可以善用这段时间去做更多有价值的投资，如阅读、学习、休息等，这样就会有更多有效产出，自己也不会过于劳累。

这件事给我的最大感受就是要学会合作，去发掘那些被自己“忽略”的时间，学会借力，善用他人所长。

为此，后来我特意学习了“管理学”相关知识，我们每个人都不可能活成一座孤岛，所以我们一定要学会和自己的配偶、孩子、亲人乃至很多工作伙伴合作。

当我们善用时间且懂得合作，就能把时间正确地投入到有价值的事情上，而不是凡事都亲力亲为、事必躬亲，这样并不能实现个人的持续发展和突破成长，因为人的精力是非常有限的，学会借力才能让自己的时间更多。

被躺平“摆烂”的时间

带娃、做家务、探索副业……当一个人长期专注之后，身心都会疲累。有一阵子我的内心开始抗拒，什么都不想做，只想躺平。

然而，这样摆烂的状态是没有目标的，不仅不能使人有效放松，还让人变得更加心力交瘁。经过再次剖析，我发现自己存在以下情况。

思想负担过重

我从小就被有意无意地要求“要争气”，这个“意念”督促着我必须在生活的方方面面努力做得更好，所以我不断设立更高的目标、取得更好的成果。在当了妈妈、成为斜杠和自我成长的三个方向上，我也对自己有过不合理的期待，希望自己在每个方向上都得 100 分，再加上完美主义倾向，导致我的压力源源不断。

科技产品影响

一个人拥有了电子产品之后，时间很容易被“抢走”，各种 App 的设计就是为了抢夺人们宝贵的注意力。而我那时候属于 24 小时“待机”状态，一有空闲就去翻看手机，甚至和朋友吃饭的时候，我都手机不离身，长此以往，导致我体力透支。

睡眠严重不足

有一段时间，我因为手头项目、孩子生病等情况，每天都是晚睡早起，中午还不午睡，这样的生活模式导致我的身体状态很差，久而久之，我的身体严重透支。

后来，我生病了，一周的时间都在失眠和头痛中度过。我意识到当自己不能主动刻意休息，而是等超级累了才停下来，此时的身体能量已经消耗过大，想要回补和恢复状态就需要更长的时间了。

我又想起一句俗语，“蜡烛不能两头烧”，我也不可能面面俱到，因此不能把自己逼得太紧，要不断寻求平衡。后来我在家庭、事业、个人成长方面都只给自己定及格的目标，不和任何人比，只是朝着自己想要去的方向循序渐进，这样就可以保证精力长久持续。

当我明确了自己当下的情况，就能够有针对性地做出调整。

学会说“不”

以前我觉得拒绝别人是非常难的，因为担心别人心里不舒服、失去朋友。事实上，当我知道自己的能力限度，就能坦诚地说“不”，这样就不会接下超越自己能力限度的工作，而是有选择性去帮忙，去做成效高的事情，进而保护好个人的精力。

充分的休息

除了上文提到的刻意休息和特别休息，我还开始重视睡眠，每晚睡前会泡脚、听轻音乐，保证每天 8 ～ 10 小时的睡眠。当我早睡早起，做事就更有效率，心情也变得更好。

合理规划时间

第一步是使用事项清单，提前梳理本周要做的事情，避免给自己增加压力；

第二步是每天睡前复盘，有效的梳理可以让自己清楚时间的去向，进而更好地做出调整。

当我留意到自己的时间花费在哪里，就可以更好地制定时间表且遵守时间表，一旦对自己时间的掌握越来越熟练，人就越来越松弛。

学会拒绝：远离那些耗费你时间的人、事、物

人的注意力＞时间＞金钱，尤其在互联网飞速发展的今天，每个人的注意力都是有限的，一不小心就会被其他的人、事、物耗费。

只有保护好自己的注意力，才能按照自己的节奏有效成长。

接下来，我会从三种状态出发，帮助你认清学会拒绝的重要性，保护好注意力。

第一种状态：自己的状态很闲适，怎么保护自己的注意力？

一些女性的生活是比较闲适的，生活比较简单，就那么几件事，朝九晚五、按部就班，这时候要拒绝什么？又如何保护好自己的注意力呢？

“人闲是非多”，这是古语。当一个人太闲的时候，关注点就容易分散，注意力也会不知不觉地涣散，这时要学会和自己说“不”，拒绝“贪图享乐”，去做一些有益于成长的规划。

- 该学习什么技能?
- 该做哪些提升?

在这个比较空闲的状态里，应该给自己定一些目标。

- 设定一些需要费力又不太难的目标，如通过健身塑造自己的体态。
- 养成一些良好的有益身心的习惯，如阅读、写作、画画等。
- 学习一两个与自己现在的工作和生活相关的技能。如，你是全职妈妈，可以学习烘焙或是烹饪；你是职场女性，可以学习项目管理、财务管理等。

当一个人太闲的时候，很容易陷入“假性混乱”，觉得自己没时间。事实上，你之所以屡次彷徨犹豫，是因为你没有目标、没有动力，给自己下了一个“不改变”的决心，所以什么事都能轻易地夺走你的注意力。

我曾经遇到过这样一个女性，她大学毕业很快就结婚了，婆家人因为怜惜她远嫁，由着她天天大门不出、二门不迈地待在家里，不工作，也不做家务。

时间一天天过去，她生了孩子，公婆帮忙带孩子，她还是没有工作，每天不是吃就是睡，身材严重变形，内心状态也变得非常糟糕。几年后再见到她，她的脸上早就没有了当初大学毕业时候的风采，而是“胖若两人”的颓废及依旧在家待业的迷茫和对未来的不知所措。

当然，每个人都有权利选择自己想要的生活，但是我想说，最终无论你做出什么选择，都需要自己承担后果。现在也许可以贪图一时之快、安于现状，因为有人替你负重前行，但是没有任何人可以呵护你一辈子。生于忧患，死于安乐，凡事都需要做好规划和未雨绸缪的准备。

第二种状态：自己非常忙，该如何善用注意力？

很多女性都处于这种状态，好像每天都有做不完的事情。那么，我们要先分析一下，这些做不完的事情都来自哪里呢？

这里分两种情况：一种情况是别人交代给你的事情，可以参照上面提到的“懂得拒绝”进行有效处理；另一种情况是自己给自己找事，又该怎么办呢？

你有没有经历过这样的情况？自己明明有时间独处，孩子不在家，其他家人也不在家，只有你一个人，完全可以做自己想做的事情，如阅读一本书或听一门课，但是你最终却发现，在自己想要进入学习模式的时候，专注力就败下阵来，没学习多久思绪就放飞了，最后时间过去了，自己啥也没有做成。

请大家想象一下这样的场景：

你给自己安排了30分钟的阅读时间，在第10分钟的时候，你开始想今天宝宝跟着爸爸出去，有没有穿暖和，然后你发现外面好像有点变天了，便决定打电话问一下。

你可能会放下书就去打电话，而且打完电话如果丈夫没接，你可能还会生气，抑或丈夫接了，你发现他们快要回来了，便又去准备午饭，不知不觉，原本用来阅读的30分钟就流逝了。

再比如，你想要上网学习一门课程，打开了某个学习App，刚学了5分钟，突然跳出来一个弹窗，正是你感兴趣的，于是你点开链接开始浏览，一个接一个，不知不觉你刷了1小时，原本要学习的课程还是停留在那里。

这样的情况在生活中很普遍。你不断地给自己“找事”，没有全神贯注在你当下所做的事情上。

遇到这样的情况该怎么解决呢？

我喜欢用“A4 纸清空法”，准备一张纸和一支笔。

当你在做一件事的时候，脑海里出现了另一件事，不要立即去做另一件事，而是把它写下来：

例如，你读到 10 分钟的时候想要打电话，可以记录下来；

又如，你读到 5 分钟的时候，想要浏览一则你感兴趣的新闻，也把它记下来，这样清除 30 分钟里出现的杂念，你就能够将注意力集中在你当下的目标上。

当你不断尝试“A4 纸清空法”，你就能保持专注的注意力，慢慢训练自己延长专注时间。当然，这个过程可能很不容易，但大脑是可以不断被训练的。如果你在无人打扰的时候依然无法保持专注力，那么可以循环使用下面这三个步骤：

第一步，把自己脑海里乱七八糟的想法都写下来；

第二步，引导自己将注意力放到手头要做的事上；

第三步，手头的事情做完以后回到你的本子上，逐条处理你记下的事情，做完打钩。

还有一种情况，你能够进入学习模式，却发现自己有很多东西需要学习，这时候你又会发现自己的时间不够用，注意力容易被不同的学习内容抢占，需要如何处理呢？

你可以做以下尝试：

- 构建知识系统，关注当下自己的学习区；
- 保持专注，利用番茄钟等辅助工具刻意训练注意力；
- 记录自己的时间安排，清楚自己的时间占用比。

看到这里，我想正在忙碌状态中的你，一定已经明白如何保护自己的注意力了。

第三种状态：有目标、有计划，但总是顾此失彼，这个怪圈怎么破？

当一个女性进入了学习状态，也很有目标感，读了很多书，报了很多课程，甚至做了很多笔记和输出分享，你的知识就可以开始为自己创造价值了。

你会发现自己可能比以前更忙了，有了更多的机会去不同的城市，会遇见各种不同的人，甚至会参加很多不同的链接和社交活动。

我认识一个女生，未婚未育，是 B 站的 Up 主，粉丝在 30 万左右。她很清楚自己的赛道，也一直在自己所热爱的事情里深耕，听课、讲课、到处旅游，但是有很长一段时间，忙碌的博主生活让她感到不快乐。

和她深入交流以后我发现，她的注意力时常被两个“坏习惯”影响。

第一，收纳习惯

这可能是很多人都会忽略的地方，不少人认为把东西随便乱放比收拾整齐要容易得多，也可以留到第二天再整理，甚至不整理也没有关系，反正你不在意自己住的地方干不干净、东西整不整齐，甚至觉得自己的房间乱七八糟也没什么大不了。

再比如，出去旅行时随便收拾一下就好，不会分类、打包、贴标签，抑或在你的电子产品里有各种各样的资料，都集中存放在某个文件夹里，而没有事先分门别类地整理好，你每次使用时都要重新寻找。

事实上，保持整齐清洁，跟时间安排和你的注意力保护有很大的关系，可以让你心情愉悦。

尝试把用过的东西尽快放回原处，时常保持整洁，而不是等到凌乱不堪的时候再收拾，这样打扫和找东西都会更加省时省力。

另外，要固定时间做断舍离，那些长时间用不到的东西，要抓紧时间丢掉，因为维护不需要的物品也是需要精力的，还不如留下少而精的物品，这样会让你活得更舒服，电子资料也是一样的。

第二，取舍习惯

当一个人越来越优秀，会有更多的机会找上门，这时候懂得取舍是非常重要的，利用 80/20 法则，做时间的杠杆应用，可以让你的时间更好地用在那些高成效的事务上，对低成效且消耗你的一切要及时断舍离。

借用山下英子《断舍离》一书中的一句话："不管东西有多贵、有多稀有，能够按照自己是否需要来判断的人才够强大，能够放开执念，人才能更有自信。"同样，学会远离那些耗费你时间的人、事、物，你才能善用自己的时间，自己的人生才更自由！

要事优先：让时间产生高价值

当你对自己的时间做了记录和分析，并且学会拒绝，你会发现自己多出了不少空余时间。这个时候，统一安排时间就显得尤其重要，这可以让你的时间产生高价值，也为你成为斜杠女性助力。

曾有两年的时间，我舍弃了很多社交的机会，专注于自身的成长，向内寻求自己，但是我很遗憾地发现，我的注意力阈值在刚开始的时候只有 30 分钟，如果我专注某事超过这个限度，就很难再专注。

因此，我开始做出调整，梳理出一些对我来说重要的事情，让这些事情产生高价值，并反馈在我的生活、工作和成长中，进而为自己的迭代加分提速。

要事一：30 分钟心流时间

人的注意力在哪里，收获也在哪里。

有些人太重视自己的注意力，很容易分心，即使他们还没有很多的家庭责任和社会责任，依旧没办法善用自己的时间，导致时间被人为地切割、碎片化浪费；

有些人非常忙碌，找不到自己的专注时间，更不知道要将自己的注意力放在哪里。

30分钟的心流时间，是特别好的一个“核心规定”，可以帮助你看清楚自己最重要的事情。

比如，你的老公说，每天给他30分钟的时间和他聊天，他会更加爱你；

比如，甲方和你说，每天给他30分钟的时间进行项目梳理汇报，他会每个月给你多加3000元回报。

我想第二种情况下，你肯定会做得很好，因为目标和反馈都非常具象化。

事实上，在你的人生中，最重要的甲方是你自己，你是自己人生的天使投资人，也是自己人生的CEO。请你至少每天给自己30分钟的时间，放在能够让你沉迷的、有价值的事情上，阅读、写作、健身或是技能学习等。

于我而言，经过这些年30分钟心流时间的刻意训练，我现在每天至少有3小时的专注时间，而且我做了一个数据核算，迄今为止，我30分钟最高纪录是完成一篇5000字的推文，文字变现最高达10000元。这是一个很好的数据样本，激励我持续深入挖掘自己的心流状态，让我的大脑得到训练，潜能被激发，收获也很多，生活进入正向循环。

要事二：核心技能学习计划

当你有了至少30分钟的心流时间，接下来就可以采取渐进式强化，有针对性地学习一项核心技能。

有目标的专注学习，是最高效的做事方式，也是你成为斜杠女性的重要一步。

那么，如何制订一个新技能的学习计划呢？

第一，充分明确自己的学习目标和动机

拿到结果的人往往都善用以结果为导向这个思维，也就是说为什么学比学什么更重要。

知识付费赛道火热，我们想要学习的技能在网络上几乎都能找到，但是有几个问题你要提前问问自己，比如，为什么要学习这个技能？你想达到什么样的水平？你的目标是否具体、可衡量、可实现、有意义？时效性是怎样的？

这些问题看似可有可无，但其本质是帮助你确定学习方向和动力。

以我自己为例，刚开始学习新技能的时候，我什么都想学，花了不少钱，却没有太大的产出，因为有限的精力被我无限分散了。

后来，我发现从小到大，特别是后来我的10年斜杠探索过程中，让我最受益的技能就是写作。因此，在写作上还没有看到产出的时候，我就需要将目标聚焦在写作这个技能上，先全力以赴夯实这个核心技能。

事实上，也是因为写作这个技能，我获得了经济独立，人生开始有更多的可能性。

第二，寻找优质的学习资源和途径

学习不仅是我们学生时代的课题，更是成年以后的必需，只要你想学习，形式可以是多样化的。

如果你喜欢线下学习，一些成人培训机构是不错的选择，当时我考心理咨询师就是在线下机构报名学习的。这类学习是有时效性的，因此就固

定了学习、考试的时间，所以很容易安排学习计划，并且集中性的培训可以短时间内快速入门，拿到结果。

如果你喜欢线上学习，可以通过网络、在线课程、IP 导师、社群等方式获取学习所需的信息和指导。知识付费时代，各大平台、网站上各种课程是非常丰富的，多对比和选择你喜欢的就好。

我自己是比较喜欢线上的学习方式的。一是因为线上学习不受地域限制和时间限制，对我来说更自由；二是很多录播课程是现成的，只要自己安排出时间，随时随地可以听和实践，这种学习更高效。当然，这个过程也是需要合理安排时间做好计划的，说白了你要更专注和自律，否则可能学习效果会比较差。

第三，制订详细的学习计划

任何学习都必须专注，每天固定学习时间、学习内容、练习强度可以帮助你更好地掌握学习进度，确保学习效果。

比如，学习写作的时候，我每天都会固定时间进行主题式写作，先完成再完善，熟能生巧；

比如，学习画画的时候，我会先研究画法，再去尝试，触类旁通。

第四，刻意练习和定期反思

技能的提升需要大量的实践和刻意练习，可以根据自己的学习目标，选择合适的练习方式和难度进行重复练习，直到熟练掌握，正如卖油翁的那句“无他，唯手熟耳”。斜杠女性的探索和成长是个人不断被放大的过程，你的专业度将不断在市场上受到考验，因此刻意练习至关重要。

与此同时，定期深入反思自己的学习过程和结果，找出优势和不足，可以帮助你更好地调整策略和方法。当你不断直面自己的不足，就能更好地进步，也能拥有一颗坚强的内心，而这些努力，会让你在成为斜杠女性的路上走得更踏实。

选择学习伙伴或价值社群

万事开头难，学习一项新技能一定会遇到困难和挫折，有时候也会感到孤独和厌倦。

如果你能找到一些志同道合的学习伙伴或是加入主题社群，就可以和他们分享学习心得和经验，也能相互提问和切磋，增加学习乐趣和动力。

我自己在学习技能的时候，曾加入一些有价值的社群，和同样爱好的人一起进步。后来，在我自己操盘的健身社群里，我也不断地推陈出新，设计各种有趣的社群玩法和激励机制，使得整个营期的氛围非常好，社群的打卡成功率甚至高达96%。我不禁感慨，果然是一群人在一起走得更远。

持续学习和全面拓展

一项技能的入门，可以在短时间内实现突破，但是仅仅掌握基本知识是远远不够的，还需要不断深入学习和拓展相关知识和领域。

随着技术的发展和个人成长的需要，作为一名斜杠女性，我们应该是一个终身学习者，勇于突破自己的舒适区，探索新的尝试。

只有你背后非常努力，才会在台前看起来毫不费力。你的美好藏在你的精进里。

有一项专业技能，并且不断利用这项专业技能取得成就，这对于斜杠女性来说是人生发展中重要的一环。当你想要持续成长的时候，你会发现不断拓展自己的价值技能和兴趣探索是很重要的。

当今时代一直在发展与革新，作为斜杠女性，需要不断保持好奇心和洞察力，才能避免落伍。与此同时，大胆试错和积极探索，可以帮助你培养一项新的核心技能，为自己全维度的持续发展做铺垫。

在这个过程中，以下两个方式有助于你更好地探索和发现新技能。

第一，了解自己的优势和潜能

相信大家对 DISC 的测试并不陌生，现在关于个人优势和潜能的测试量表非常多，可以有效帮助你更好地探索自己的发展方向。

当你善于梳理，认真回顾自己过往的经历和成就，便能够找出擅长和喜欢的事情，这些可以帮助你在原有知识框架的基础上做出尝试和更新。

从我的成长探索过程来看，除核心的写作技能外，我还不断探索阅读技能、社群运营技能、演讲技能等，在原有核心技能的基础上，不断加入新的尝试和训练，夯实一个又一个核心技能，拓展自己的优势和风格。

第二，接触不同的领域和工作类型

在互联网上，各大平台层出不穷，使得我们可以接触到各大赛道的博主、导师，也帮助我们开阔了眼界。三百六十行，行行出状元。但事实上，现在的新业态下，行业早就不再是简单的三百六十行了。

因此，要学会有效链接和价值发现，让自己有机会接触更多的新方向，合理评估时间和精力，大胆地去尝试，做成了叫经验，做不成叫经历，反正只要你获得了成长，总是不亏的。

完成以上这两项，就进入一个新技能的学习阶段了，可以参照上文“要事优先”的三步不断强化兴趣，为下一项核心技能做准备。

人生的边界永无止境，按照自己的意愿过一生，不断去寻求新技能，相信你的生活会因你的探索而更加精彩！

碎片化时间：越忙越有时间的奥秘

对于我们来说，拥有大段空闲时间固然好，但事实上，生活中我们的有些时间还是会被有意或是无意的碎片化。当很多人抱怨自己的时间被碎片化的时候，我们先来看看为什么时间会被碎片化。

主动碎片化

之前我们提到，很多人的时间会被人为切割，究其原因有注意力分散，很难专注于一件事，还有懒惰、缺乏自制力、身体太累等因素，相关内容在“要事优先”部分已经阐述过。我们可以用“落地成长”的内容不断增强自控力、升级思维和认知，规划好时间，从而获得整块的时间。

被动碎片化

当今，互联网飞速发展，信息爆炸，无论是视频、图文还是音频，都在不断刺激着人的感官和大脑。由于我们很难对信息进行有效的筛选和整理，导致接收的信息总是零散的、无序的，没有深度和价值，消耗了我们大量时间。

另外，随着人们生活方式的改变，社交方式也更加多样化，导致我们的时间被动碎片化，如等待他人的时间、通勤的时间……

这部分内容上文也提及过，我们要学会在自我可控的范围内，尽量少让自己的时间被碎片化。

但是，即使我们做了很多努力，依旧有碎片化时间，我们可以做些什么让这些碎片化时间被有效利用而产生价值呢？

以下是这些年我自己记录下来的实操性比较强的在碎片化时间可以做的事情，希望对你有所帮助。

3 分钟碎片时间可做的事情

回复一些紧急的邮件或短信；

喝一杯水或吃点坚果；

做一组体态拉伸训练；

复盘一下今天已经完成的待办事项；

完成一组英语口语练习；

列出今天的工作安排或学习安排；

看一篇热点文章或是想几个不错的文章选题。

5 分钟碎片时间可做的事情

听一首自己喜欢的音乐；

确定一个心仪的周末休闲场所；

听一本有声书；

快速阅读一篇文章；

找朋友聊会儿天。

10 分钟碎片时间可做的事情

针对要解决的手头事项画一张思维导图；

进行一项新技能学习训练；

听一场有价值的演讲；

和孩子们做一个创意游戏；

做一个简单的三明治。

15 分钟碎片时间可做的事情

制订一个详细的学习计划或工作安排；

阅读有价值的书；

完成一篇创意文案；

拍摄并剪辑一个简单的口播视频；

与导师进行一对一咨询。

……

对于每个人来说，喜欢的事情是不一样的，碎片化时间可以做的事情也是千差万别的，但无论你在碎片化时间里做什么，都不要为了做而做，而要最终形成一个闭环。这里想和大家分享一个 PDCA 闭环循环法。

这个循环法最初是美国质量管理专家沃特·阿曼德·休哈特（Walter A. Shewhart）首先提出的，由戴明采纳、宣传，获得普及，所以又称“戴明环”。起初被用于质量管理，也适用于碎片化时间的利用。这个方法分为四个阶段，即 Plan（计划）、Do（执行）、Check（检查）和 Act（处理）。

即使你只有 15 分钟时间，也能够完成一个循环：做好一个学习计划—进行执行—深入思考—最终复盘。通过这个方法可以让你所学的东西和自己已有知识体系产生联系，当你不断正向循环，你所学的知识就能不断为你所用。

当然，成为斜杠女性并不意味着毫无空闲时间，而是要善用碎片化时间，让你越忙却越有时间朝着你的成长方向前进。

因此，你完全可以合理善用你的碎片化时间。

◆ 梳理框架：围绕你的目标去规划你的碎片化时间可以做的事情，制订计划；

◆ 把握当下：提升你的碎片化时间利用率，积极执行你的计划；

◆ 深入思考：深入感知计划实施过程中做得好的地方和不足的地方，不断调整和优化你的计划；

◆ 规划未来：采用 PDCA 闭环思维善用碎片化时间，丰富你的成长清单，助力你的终极目标的实现。

时间是碎片的，这也是我们这个时代既定的生活方式，但是滴水穿石、聚沙成塔，越忙也越有时间。只要你善用时间，便能助力你不断成长。

时间的复利：多做让你成长加倍提速的事情

很多人会好奇，我一边带孩子一边不断学习成长，不累吗？

我想说，一定是累的，因为这需要抵抗人的惰性和弱点，但是长远来看，又是非常值得的。

如果一个女性总是无所事事、逛街刷剧抑或讨好别人、容易情绪化，内心必然会感到更累，而且对自己的成长来说也没有太深远的益处。

这些年的不断探索和自我成长，让我深刻感受到，无论你的家底如何、来自何方、有过什么样的往事，都不是最重要的。最重要的是你要有持续的成长力，才能处事不惊，进而更有力量去面对生活中的各种难题和挑战。

在这里，推荐大家花时间在以下十件事上，可以让自己的成长加倍提速，享受时间带来的复利。

阅读训练

这些年，阅读越来越火热，已经成为每个人成长过程中非常有效且必不可少的方式，也是对普通人来说性价比最高的方式。

但是，对于很多人来说，依旧是“买书如山倒，读书如抽丝”，想进行有效阅读却又感到非常困难：

- 想看书却不知道该怎么选书；
- 照着别人的书单买了书，但是自己完全看不进去；
- 坚持看完了书，时间被占据了不少；
- 好不容易读完书了，啥也没记住；
- 记住了但是怎么用呢？整个人还是蒙的。

你也许听到不少人感慨：阅读太难了！就算读了很多书，依旧过不好这一生！

作为斜杠女性，有效阅读是必不可少的，这是个人成长的基石。那么，我们如何彻底改变自己原来的阅读观念，养成阅读的大脑呢？

斯坦福大学心理学教授卡罗尔·德维克教授指出：“头脑不是固定不变的。头脑和肌肉一样，练习可以使之更有力量，所以认真努力能变得更聪明。”因此，阅读是可以训练的。

我之前也是一个超级爱囤书的人，事实上，买书不等于看书，漫无目的地买买买，看似家里有“书卷气”，但是自己根本吸收不了多少。

查理·芒格曾说：“我见过的聪明人没有一个不读书的，一个都没有！”这句话深深击中了我。又是在无意间看到二志成、郑会一的《书都不会读，你还想成功》，我意识到养成阅读习惯是有方法的。

方法一：购买能够让你心动的33本书，这个心动的范畴可以是书的封面、作者，或是目录、内容……只要是让你心动的，你都可以先购买；

方法二：在阅读之后进行输出，可以在朋友圈打卡，抑或参加读书打卡社群，要记录你阅读的书、花费的时间和所读的页数等信息。

用这两个方法后你会发现，对你来说，如果一天花30分钟的时间阅读，一本200页左右的书，一周就可以看完。

到这里，可能你又有新的问题了："我的确读完了一本书，可我总是记不住，怎么破？"

非常好，接下来不妨再多问自己几个问题：

- 为什么你总是想要记住，又为什么总是记不住？
- 为什么根本不需要记住？
- 如果看书不记住，我们为什么看书？
- 你希望通过看书解决一个问题还是打算写一则书评？

事实上，强行让大脑记住书中的内容，是很难成功的。你可以闭上眼睛回想一下，在你过往的十多年寒窗苦读生涯中，还有多少内容现在依旧在你的脑海里清晰可见？

有人要问了，既然记不住内容，那我读书干吗？

非常好，这时你要想想自己读书的目的，你看一本书的目的是什么呢？是从头到尾背出书里的内容吗？

其实不是，正如我们去参加一个培训，也不是为了把导师讲的所有内容记下来。我们为的不过是让内容中的一两点激发我们的兴趣、勾起我们的思考及点燃我们行动的激情，去尝试落地这个新的思维和方法论，学以致用变成我们自己的，这就是超值的部分了。

因此，在阅读过程中，不断重复这两步，可以实现阅读效益最大化。

- 第一步：让书中的内容激活你现在的经历；
- 第二步：拿来主义，好的方法要上手用起来。

成年人看书，不需要一字一句去阅读，也不需要从头读到尾，更不需要记住书中的内容，而是带着问题去阅读。当你读到某一个片段的时候，能够发现自己的问题，然后尝试应用书中的知识解决自己的问题就是收获。

当然，根据个人的需求选择书籍也是非常重要的一环，这就好比我们吃东西一样，不同的状态下，我们会选择不同的食物。根据不同的需求选择不同类型的书籍能够帮我们实现有效阅读。

- 比如，为了满足工作、生活、身心发展需要，或者为了解决一些实际问题而选择的书，这类书就好像我们吃的主食一样，能直接快速给出结果，解决当下的问题，让我们掌握方法、学会技能、提高核心竞争力；
- 比如，不针对人生现实问题的书，虽然没有提出直接的解决问题的方法，却可以帮助我们透过现象看本质，去实现深入思考，体会人类心灵深处的共鸣、思想的升华。这类书就好比我们周末出去下馆子寻觅到的美食一样，可以让我们思考，锻炼我们的身心；
- 比如，为了疏通阅读过程中的“卡点”，查证书中的典故和出处，而选择的工具书，就好像我们吃蔬菜水果是为了均衡营养一样，这类书可以起到辅助阅读的作用；
- 比如，有时候阅读的书完全是“无用”的，阅读时没有任何目的，只是为了消遣娱乐，甚至是为了打发时间。这类书就好像我们吃的甜点，随手拿起来就可以阅读。

读到这里，我相信你已经明白了，其实开启阅读并不难，最重要的是梳理清楚当下你最适合阅读什么样的书。

对于一个斜杠女性来说，阅读是非常重要的，因为它可以全方位地帮助你，不管是技能提升还是思维跃迁。

下面我想分享一下我阅读训练的过程，希望对你有帮助。

第一阶段：随便阅读

在和先生谈恋爱的时候，我们手头比较紧，我们约会最常去的地方就是图书馆，因为环境好，可以免费借阅，还有各种公共设施可以蹭。

那时候的阅读，属于乱翻书，在书架上看到了就拿下来看，看到别人看也去找来看……没有什么目的，就是随便看，反正又不用花钱。

那个阶段刚刚离开学校，处于阅读的甜蜜期，对阅读没有畏难情绪，就是喜欢阅读，但是没有给自己带来什么实际性的帮助。

第二阶段：一周一本书

当我怀孕后，面对先兆流产的情况，我开始主动带着目的阅读了，因为我发现很多知识对我来说都是盲区，急需要补一补，当时每次阅读都会很认真地做笔记。这个时期的状态非常好，虽然很辛苦，但是我在成为新手妈妈之前做好了一定的知识储备。

因为当时不方便每天都去图书馆，所以只好把书借回家看，也因为每次借书都是有时间限制的，我在阅读的时候对于阅读速度有了要求，也无形中提升了自己的阅读能力。

第三阶段：一天一本书

在二胎来到后，我参加了一个线上读书训练营，第一次接触到快速阅读，这个训练帮助我更新了自己的阅读方式，不再是一字一句地逐页阅读。我快速阅读完一本书之后，就可以对书中的内容有整体的了解，这种阅读方式让我很好地对自己家里囤的书做了断舍离，喜欢的留下，不喜欢的送人。

第四阶段：主题阅读

当我能够一天读一本书之后，我终于明白为什么那些牛人可以一年读几百本书，这的确是可以通过训练做到的。

主题阅读可以帮助我带着目标和问题去阅读，对于一个主题的内容实现快速入门了解。在自己想要了解的主题中寻找 10 ～ 15 种书，通过快速阅读寻找答案，产出体系化的内容，形成自己的知识体系。

第五阶段：构建知识体系大厦

阅读的量变会产生质变，当你顺利完成前四个阶段，你的认知水平将会大幅度提高，阅读的快速入门钥匙就在你的手里了。

此时，你将更加明确自己的需求，按照自己的目标去进行有效阅读，不断构建自己的知识体系大厦，不断完善自我。

如果你想成为一名斜杠女性，却觉得现阶段的自己啥也不会，不要着急，可以给自己一点时间，按照以上五个阶段训练自己，慢慢地形成自己的知识体系。

值得注意的是，阅读方式并不是一成不变的，当你开始在一个新的领域学习的时候是可以灵活运用的。

阅读书籍时，要围绕你自己当下的需求选择，要清楚自己处于什么状态，希望自己通过阅读发生什么改变。

- 如果你衣食无忧，事业又不错，那么尽情地享受生活、陶冶情操吧；
- 如果你需要为生活拼搏奋斗，那么可以快速补充能力的主题阅读是非常适合的；
- 任何情况下都不要忽视精神追求，科学和人文的结合可以让世界更美好！

最后，我想分享三种我自己常用且觉得非常有效的阅读法。

1. 主题阅读法

主题阅读法是围绕某一个主题，在一定时间内快速阅读多本书的方法。主题阅读更强调理念，类似于根据论点找论据，比如，当我要选择一个主题的时候，我就会先写下主题：情绪管理、高效学习、习惯养成、时间管理等，然后去豆瓣至少找 5 ～ 10 本高分书，（用苹果阅读法或是卡片阅读法）完成此次主题阅读。主题阅读法可以帮助你快速入门某个主题。

2. 苹果阅读法

苹果阅读法是极速阅读法和康奈尔笔记法的合体。极速阅读法的原始研发人是郑伊延，他提出在阅读一本书之前要先提出一个问题，然后围绕这个问题用 40 分钟的时间找到答案，并在表格中做好记录；康奈尔笔记法的研发人是沃尔特・鲍克，其方法是在笔记的右侧主栏中尽可能多地记下知识，然后将其归纳提炼在左侧副栏，遮住主栏后可用副栏回忆复现。

采用苹果阅读法能够帮助你一小时解锁一本书，就这么高效。

3. 卡片阅读法

卡片阅读法的创始人是弗拉基米尔・纳博科夫，他是美国的一名作家，《洛丽塔》《微暗的火》《阿达》等都是他的代表作。我们熟知的钱锺书也非常喜欢卡片阅读法，他一生积累的卡片或是读书笔记近十万张。

卡片阅读法的记录方法是，在卡片上设计“我见”和“我思”两个栏目：在“我见”栏目中直接摘录原句，将书中某个观点、某个金句、某个故事记录下来，同时记录出处；在“我思”栏目中写下自己的想法和启迪。

阅读和写作一样，对我的改变很大，我也希望它们能够对你的成长产生助力。当你善用以上阅读方法，并且不断训练自己的阅读能力，你一定会有新的收获。

当然，世上没有一个万能的方法适用于所有书籍，但是掌握这些方法就如同有了工具，在你拿起书的那一刻，就能够做到心中有数。（三大阅读法的电子版请扫码备注“阅读”领取）

构建知识体系

阅读的最后一个阶段就是构建知识体系大厦。当你的阅读量、学习量到一定程度就必然着手落地的事情，这个过程就像织网一样，会将你大脑里的各种知识进行关联，最终形成一张结实的知识网。而这张网，就是你成为斜杠女性的核心竞争力。

我们每天都在接受微信公众号文章和各类火爆视频的轮番“轰炸”，我们点赞、转发甚至保存，然后呢？没有然后。

你为什么要学习？这是一个要不断问自己的问题。

这个世界有太多东西可以学习，但是我们的精力非常有限。因此，哪些东西是对你有价值的？哪些学习的投资回报率更高？你的选择标准是什么？……这些都是值得我们思考的问题。

你读了很多书、上了很多课，好像懂得了很多东西，但是当你公开表达的时候，却好像什么也讲不出来，为什么？

无论你是想要在职场上表现得更好，还是希望自己成为一名自由职业者，抑或想成长为一名斜杠女性，你都必须想清楚，我的核心技能是什么？如何形成核心技能？

新冠疫情虽然已经过去了一段时间，但“后遗症”还在，当前经济形势并不太好，很多人感觉生活压力很大，怕公司倒闭，担心自己被裁员，还有像我这样本来就在家办公的人，我们需要具备什么样的能力才能够平静地面对不断袭来的风雨呢？

我的答案就是坚实的知识体系，这是我们安身立命的技能之“网”，也俗称“铁饭碗”。

接下来，我分六个步骤来具体阐述如何构建一个人的知识体系。

第一步：为什么开始

构建知识体系，就好像一个人从四海为家到给自己建立一栋安居的房子，应该先问问自己为什么要这样做，是为了构建自己的核心价值，还是为了培养自己的核心技能？

◆ 为什么我要去学习？

作为一个“功利”的成人学习者，我之所以去学习，是因为我认为知识能给我带来价值。那么，知识的价值体现在哪里呢？体现在资源、人脉和金钱，还有你强大的内心和自信。尤其是像我这样来自十八线小镇、沪漂带娃的全职妈妈，没有资源、没有背景、没有靠山，如果自己还不学习，后果我是不敢想的……

◆我该怎么学习？

在工作中学习：你经历的每一件事、每一份工作，都是可以训练自己的处事能力的。哪怕是带娃这件事，也可以帮助你学会沟通和做事的技巧。

你会发现，当你在每一件事情上善用自己的思考力，就会专注于手头的工作，不仅不容易产生太多的内耗，也避免了人与人的无端消耗，会处于积极状态。

在生活中学习：早起的时间、晚上睡前的时间，都是可以用来学习的。这两个时间段一般不会有太多的干扰，甚至容易有整段的时间专注于你的热爱。

“三人行，必有我师”，每天接触到的人也可以成为你很不错的学习对象，要善于发现别人的优点。事实上，在上海的这些年，我的很多贵人都是从陌生人开始的，我非常感恩。

◆我要学什么？

知识体系的构建有三个阶段，第一个阶段是基础知识入门，第二个阶段是专业基础升级，第三个阶段是专业知识顶峰，你可以看看你现在正处于哪个阶段。

对于成年人来说，如何提高自己知识金字塔的高度是很重要的，这并不是说我们普通人要成为“知识专家”，而是要意识到学习知识要聚焦，要选择一个方向持续深耕、持之以恒。

对于自己不擅长的知识，要知道谁擅长、谁是这方面的“专家”，争取得到别人的帮助。事实上，一个人因为在某一方面的水平非常高，堪称“专家”，但是他不一定在每个方面都是高手。我们可以做的就是在“核心方向”上充分发挥自己的优势，同时学会用人所长、协同合作，从而实现多方共赢。

第二步：知识的获取

搞清楚了学习目的，知道了要学什么、怎么学，接下来就要弄清楚从哪里获取知识。

（1）书本：上面关于阅读训练的内容中，详细讲述了快速阅读和主题阅读，也介绍了不同的阅读法，这些方式能够让我们快速掌握某个领域的知识，尤其是一些畅销类书籍，可以帮助我们了解当下的发展趋势及大家关注的内容方向。

（2）微博：我发现这是一个非常不错的链接渠道，各类大咖、牛人基本有微博，随便学习一下就能了解不少“干货”。如果你想向上社交，一定要善用这个渠道。

（3）微信公众号：一些大号或是优质小号，也可以帮助我们学习，尤其是那些入木三分的好文章，可以让我们学到不少“干货”，记得一定要做好笔记。

（4）网络课堂：互联网上有很多不错的平台，大家可以在线学习自己喜欢的内容，性价比非常高。

（5）IP 知识付费：在这个人人都是个人品牌的时代，不少 IP 纷纷涌现，他们有各自的擅长点和资源。如果你不仅想要学习知识，更想要链接资源，通过这个方式学习是不错的选择。

第三步：知识的整理和保持

知识不会一成不变，知识的淘汰和更新也是需要留意的一环，我们要成为斜杠女性，就要重视“时效性”。有些知识是陈旧的，甚至是错误的，就需要果断抛弃，断舍离的方式会使你的知识库不断完成更新迭代。

对于素材和资料的收集，这里推荐两种方式，可以随时随地保存和提取，相当于我们的“外脑”：第一个地方是电脑，如果有条件，可以专门用一台电脑进行知识分类和文档存储；第二个地方是云盘，通过腾讯文档、百度网盘等可以直接做好记录、分类保存、分享等，手机也能实时同步，不用担心资料没有保存而丢失，非常方便快捷。

第四步：知识的分享

物理学大师费曼曾经说过：“凡我不能创造的，我就不能理解。”简言之，“教”是最好的学，因为教能够实现 90% 的知识转化，而分享是教最好的输出方式。

读到这里，有的小伙伴可能心里就嘀咕了：“什么？去教别人？我自己还是半桶水呢，怎么能够去分享输出呢？”

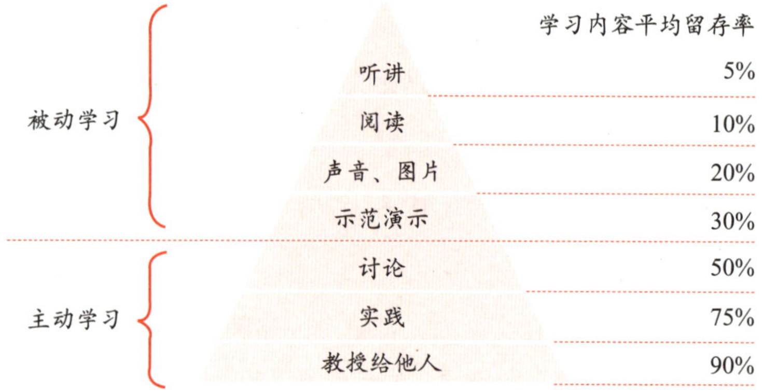

学习金字塔

其实，这个观点是不对的，因为人穷尽一生，要学习的知识包罗万象，而人的精力和生命是有限的，我们能够学的东西其实是非常有限的。

正如我的公众号一样，我写了很多年，粉丝量不是很多，但这并不重要，因为分享的过程就是输出。只要你输出了，就一定会有人回应，哪怕人不多也没关系，最重要的是你已经形成了学习闭环，用输出不断检验自己有没有真正学会。

第五步：知识的利用

如果知识对你没用，那就是“死的知识”，这种学习等于在浪费时间。

通过收集、整理和分享，你已经将隐藏性知识转化为可视化的知识，那么这些知识就不光在你的脑海里，也在你的分享中了，这是很好的开始。

更重要的是，我们要知行合一，把自己学到的知识善用到生活和工作中，转化为生产力，学以致用，这样我们所读的书就可以让我们成为更好的人。慢慢地，你会发现自己“腹有诗书气自华”，并能够亲自验证“知识就是生产力”。

第六步：夯实运用且不断创新

创新并不容易，因为创新需要以“做”为基础，要在领悟的基础上推陈出新。

很多人习惯说“一学就会，一用就废”，其实这是很正常的一个迭代过程。

知识本身没有问题，每个人的时间、状态和外部条件是不断变化的，当我们学习到一个技能或知识，一定要去运用，在运用的过程中思考，更有助于创新。

当我们构建了自己的知识体系，创新就是在这个知识体系的各个模块上实现跨界整合。创新并不是建造空中楼阁，而是基于我们已有认知的迭代和创意。

知识体系越庞大、越坚实、越时常更新，创新就变得越简单。

经过前面的六个步骤，你就可以将自己正在学的或想要学的知识进行精准的梳理和定位了。

对于每一个想要成为斜杠女性的人来说，构建个人的知识体系，对正在学习的知识进行整理，就像建设一栋大楼一样，要先有图纸、框架，然后才能添砖加瓦，进而建成大厦。不同阶段，我们的侧重点不同，都在助推我们善用时间，慢慢成长为自己喜欢的样子。

◆起步阶段：着重锻炼提问能力和逻辑思考能力；

◆获取阶段：练习快速阅读和主题阅读，是非常好用的阅读方法；

◆整理阶段：学习时间管理、精力管理、断舍离，整理思维导图、做好笔记；

◆分享阶段：学习如何写出吸引人的文案，做好 PPT 展示，通过结果展示和视觉化呈现让分享的过程更有活力和感染力；

◆利用阶段：将所学知识运用到项目实践中，不断提升个人的思考力和复盘能力；

◆创新阶段：有意识地建立个人品牌，当你有一个好的创意时要有快速研发和试错的能力，要知道你的每一次尝试都是一种创新。

“逻辑思维”的创始人罗振宇曾经在一次演讲中提到，未来的人都要有 U 盘体质。实际上，一个优秀的斜杠女性也要具备 U 盘特质，因此我们需要不断夯实和更新自己的知识体系，让自己随时都能在不同的人群中自由穿梭。

当你已经初步构建完成知识体系，还需要在行动中明白该使用什么技能、该提高什么能力，并能快速提取和更新，让自己在时代潮流中不至于被淘汰，因为斜杠女性是富有成长力的。

链接牛人

古语有云，“听君一席话，胜读十年书”。还有一句话是说，“读万卷书、行万里路，不如阅人无数”。

如果你在不断成长，对这两句话一定会有自己的见解。

“牛人”，之所以“牛”，是因为他们在某个领域已经构建了完整的知识体系，而且深耕其中，他们在处理相关问题的时候，能够做到思维敏捷且有效解决问题。

那么，链接“牛人”和成为斜杠女性有什么关系呢？

不断深入学习的过程中，你一定会遇到卡点，这个时候找到行业内的“牛人”，可以有效节省时间，他们可以给你做出精准反馈，告诉你问题出在哪儿、解决之道是什么，从而助力你更高效地推进学习。

另外，“牛人”有自己的资源、背景及非常多的“信息差”，他们可以帮助你更全面地看待问题。得到“贵人相助”，可以提升你个人成长的速度和质量。

因此，要多留意身边的“牛人”。现在的自媒体时代，想要链接“牛人”其实有很多渠道，可以参考上一节中知识获取的渠道。

当然，一定要有“付费意识”，因为每个人的时间都很宝贵，通过一些平台付费链接行业内比较厉害的人，购买他们的知识为你所用，是非常不错的选择。

刻意练习

书阅读了，知识体系构建了，“牛人”也链接了，但是不去刻意练习，一切就是白搭，因为你可能会成为不断出现在别人舞台上的唱戏人，却很难成为真正的主角。

成为高手的最大秘诀，就是刻意练习。想要成为一个不断进步的斜杠女性，亦是如此。

那么，什么是刻意练习呢？刻意练习是每个人成长必备的基本功，它的本质是“套路”。

真正的练习是什么

我们可以将庞大的知识体系拆解为最小可执行模块，好比将一大桶油分装在一个个小罐子里，然后按照罐子里的具体内容，细致地进行训练，这就是刻意练习。

万事兼有套路

这个世界上没有什么知识是全新的，顶级高手的成才之路也是学习别人已经成功的模型套路，因此分析那些拿到结果的人，就好像自媒体时代的“爆款”一样，都是有“模板”或“方法论”的。当你把别人成功的套路拆解开来进行训练，精度更高，更容易成功，这是很重要的技巧。

重复重复再重复

套路已经有了，还有一个关键环节，那就是重复重复再重复。去看看从过去到现在的爆款或是风口，你会从中找到答案，你会明白哪个是全新的东西。

练习的本质

有效练习就是非常有针对性的重复练习，请谨记！

要成为一名斜杠女性，其实还需要具备一个核心竞争力，即自己掌握的“套路”有多少，也可以说是获取的“信息差”有多少，这也是“富人的孩子大概率还是富人，穷人的孩子却继续穷着”的原因。

看到这里，你有没有觉得自己又行了？事实上，方法再好，你还是你，为什么？因为接下来你如果没有任何行动，也就不会有任何改变。

“看了狂点头”，好像自己懂了，这只不过是一种浮于表面的虚假，这样的获得感只是一时的快感，就好像很多人说自己要进行阅读训练，但是他们最有获得感的那一瞬间，只不过是收到快递、打开包裹的时候罢了。

我们的大脑是很懒的，常常想偷懒，因为成长是反人性的。只有当我们行动起来，去进行刻意练习，主动打破舒适圈，从当下的每一件小事做起，才能产生长远的、真实的获得感。

主动突破舒适区

心理学上有三个有名的圈，分别代表三个区：舒适区、学习区、恐慌区。

当你想要学习，其实就不会舒服，因为我们前面也提到了，我们的大脑常常想偷懒，学习是反人性的。

这个世界上的人基本上可以非常清晰地划分为两类人：一类人，他一直在自己的舒适区，不管他怎么佯装努力、刻苦，只要他依旧在自己的“一亩三分地”，那么他其实依旧在自己的舒适区享受生活，没有什么新的尝试；另一类人，他一直在学习，不断在突破，即使人前看他像在玩似的，人后他必定是在独享突破舒适区的艰辛的，无论你是否看到，他自己知道。

新时代，很多行业开始重新洗牌，但是依然会有两类人：一类人，因为之前的自我突破还有风口时机等因素，已经掌握了很多资源和生产资料，因此他们的舒适圈越来越大，完全可以实现“躺赢”，非常自在地在自己的舒适区享受；还有一类人，他祖上没有“矿”，他自己也没有背景、学历和其他资源，因此他们愿意去尝试新机会，甚至带着满身的伤痛、龇牙咧嘴、痛苦不堪，依旧要突破舒适区去成长，迈向新的学习区，那是他们唯一的出路。

很多人都是普通人，我们有的机会和成长渠道也许并不多，但是只要主动突破舒适区，就有可能有新的成长机会。

世界变化很快，如果你总是不愿意向内打破自己，就可能被人从外面打破，直至淘汰！

时间有限，学习会有点累，如果你最近觉得有点累，甚至有点艰难，请不要放弃自我成长，因为不断学习的你正在走上坡路！

坚持写作

写作是一个非常好的输出方式，也是验证个人学习成果的试金石。

有输出的学习效果要远远高于没有输出的学习效果。

这一点从上文讲的学习金字塔就可以看出来，这也是被无数人验证过的。

拿我自己来说，因为要写作，所以我更喜欢阅读，因为每一次的阅读都可以增加我的知识面，也可以成为我写作的素材，从而不断萌生新的选题和灵感。

在写作这件事上，有几点建议分享给大家。

笔耕不辍

如果你想持续输出，如写公众号文章，日常就要刻意练习写作，有自己的选题库、文章库，至少有 8 ~ 10 篇的文章储备。这样的话，哪怕临时有事，也不会断更，同时也更容易产生灵感，而且刻意训练写作，不至于手生。我有一个很明显的感受，就是因为我自己有每天写作的习惯，因此在写这本书的时候，心理压力并不是很大，感觉很奇妙。

多维度尝试

刚开始写作的时候，我写的都是情感类的文章，因为当时我真的有太多个人成长的困惑了，而写作是我情绪发泄的出口，同时也帮助我不断梳理自己，并得到疗愈。

后来，我也写过公文类、故事类、“干货”类、个人成长类等很多维度的文章，在不断探索中感受每次写作不同选题的心流状态，从而帮助自己找到更适合写的文章类型。

坚持阅读

因为阅读所以写作，同样，因为写作更要阅读，它们就好像是硬币的两面，相辅相成，尤其是写作没有思路和感觉的时候，更要去阅读。当你自己肚子里有非常多储备的时候，自然就会想要分享，而写作也的确可以倒逼阅读。

当然，写作也有一个问题，那就是反人性。之前我办过写作共创团，也看过某个写作打卡社群的数据，事实上，社群打卡一起写作的人能够坚持到最后的真的是寥寥无几，但是最终坚持下来的人，确实都发生了巨大的变化。

写作这件事，真的没有什么捷径，我手写我心，只要你傻傻地坚持，总有一天会实现量变达成质变。

磨炼心性

我非常喜欢“以终为始”这个词，因为对于很多人来说，一生太长，好像看不到头。事实上，一生也非常短，转眼我们就已经过了而立之年。

对于一个斜杠女性来说，最大的“终”是自己这一生真正要去做的事情。

当然，每个人都有自己的天赋、热爱或是擅长。实际生活中，我们的成长环境、教育背景及生活方式均不同，很多人可能终其一生都在寻找自己要做的事情，换句话说，就是人生的意义。

这个过程中，磨炼心性是非常重要的。

你有没有发现，当高手到达一定的高度，他们比的就不再是“武功招式”，而是品行心性了？

在个人成长的过程中，需要不断打磨心性，包括谦虚、包容、长期主义等。

这需要我们每个人与自己建立联结，去看见自己的感受、情绪和心态。要知道，在自媒体时代，无论是从 0 到 1 还是从 1 到 10，不同阶段都有不同的焦虑，这个时候，能够稳住、能持续的人才会有更多更大的机会。

事实上，在直播兴起之后，很多文字类的账号都停更了，而每一次面对新的风口，原赛道的一些人看到别人的赛道火了就会去跟风模仿，最后可能导致自身的闪光点也丢失了。

因此，我们要不断明晰哪些事对自己是最重要的，去深耕自己热爱的事，不是和他人比较，而是谦虚学习、开放包容且围绕自己的热爱持续努力。

如果这件事情正好被市场需要，那么恭喜你，伴随你的长期坚持，丰硕的成果定会在量变到质变的时间中馈赠给你。

锻炼身体

人们常说，身体健康是人生第一位的，是最前面的那个“1”，其余任何东西都是后面的“0”，没有了“1”，什么都是无用的空头数据。要想成为斜杠女性，一定要有健康的身体做托底保障。

当我进入30岁，我开始特别重视我的身体，因为在新冠疫情之后，我很明显地感到自己的精力和状态和20岁的时候有不少差异。

因此，我会在健身这块投入时间和金钱，这是重要的投资。

比如，我每天早上起来都会跟着Keep一起热身、拉伸；我会定期做推拿按摩，放松肩颈。最近两年，我一直跟着全网有1000万粉丝的博主“长腿姑娘”进行体态塑造，她就是巨大的宝藏，不仅课程非常专业，跟练以后从内到外的效果也是相当明显。同为斜杠女性，我非常喜欢她。

试想一下，当你开始投资自己的身体，用健康的方式雕琢自己的体态，坚持一年下来，你会有怎样的收获？

只有健康的人生才更有力量，才充满无限可能，不是吗？

事实上，当你拥有一副好身材，你会更爱自己，而且也会活得更健康，走得更长久。

学会演讲

很多人说我“社恐”，能够阅读和写作就可以了，演讲就算了吧！

这几年，直播行业飞速发展，让我深刻地感受到一个人会演讲是非常不错的技能，大家可以去看看那些头部主播的收入，还有他们的可能性，这也给了很多普通人实现逆袭的机会。

另外，演讲可以让人和人更好地互动，站在镜头前和待在幕后的收获是不一样的，而且很多能量的传递、情感的共鸣通过声音传播更有穿透力。

试试吧，珍惜每一个可以展现自己的舞台！

互联网思维

在这里，还是要感谢我的先生，他是带我踏入互联网的第一位老师。从母婴小店开始，我对互联网越来越有好感，也因为互联网，我可以一边抚养我可爱的孩子们，一边一点点地实现自己的梦想。

先生还是高中生时，就对互联网非常感兴趣，后来他帮助我不断地观察、研究、学习新的互联网技术、思维和工具，助力我成为斜杠女性。

我想说，无论你生活在哪里，互联网思维是每个人都需要培养的，就像阅读训练一样，千万不要放弃。互联网让万物互联，也给了很多普通人各种机会。

互联网思维，是每个斜杠女性必备的思维。

你的人生中，80% 的投入构建了你的核心竞争力，而现代社会多业态的环境下，斜杠女性会成为未来趋势，越来越多的工作没有时间和地域的限制，你并不是在追赶别人，你追赶的是正在快速成长的自己！

第3章

不断投资大脑：掌握一专多能的成长必备技能

不断试错，找到你的价值兴趣

说到价值兴趣，很多小伙伴可能有点不理解，兴趣还有什么价值？不就是个人的爱好吗？

事实上，价值兴趣是指能够让我们获得价值提升的爱好，要符合三个核心要点：

- 自己内心真正喜欢做的；
- 可以不断让自己收获正向反馈和积极成果的；
- 对你成为斜杠女性有推动作用或实际帮助的。

很多人可能会觉得生活已经很累了，连自己的兴趣爱好都要有价值，这样未免太麻烦了！

当然，每个人都可以有自己的兴趣爱好，就像我之前遇到的一个女生，她的爱好就是织毛衣，各种各样花色、材质的毛线，在她家里都可以找到。当时，我去她家的时候，被她的“热爱”惊到了，因为她的家里随处可见毛线，无论是金钱、时间还是精力，她在毛线上真的付出了很多。但事实上，因为她没有任何目的，她的毛线只是满足她不断买买买的“快感”，并没有给她带去实际的帮助，而且原本她想学习针织，但是因为方向不明确，三天打鱼两天晒网，一会儿学习这个针法，一会儿又学习那个针法，很少有一件成品完工。

我们培养兴趣也是一样，就好比我们吃饭，贪多真的嚼不烂，还可能伤了胃。

那么，如何找到个人的价值兴趣呢？

看了囤毛线女孩的故事，想必大家也有了思考，对于任何一件事，一定不是光靠感觉，而是要基于数据进行理性分析，才能够做出明智的决定。

之前，我也有非常多的兴趣爱好，后来在高效学习训练营里，我学到了一个计算兴趣价值的方式，对我非常有用，那就是我们要将自己投入在每个兴趣中的时间、金钱和精力做一个表格进行梳理，然后就可以一目了然做出排序和对比。你可以尝试用一个月的时间找到自己的价值兴趣。

第一步，三个数据值衡量你的兴趣投入

- 时间：需要你真实地记录这个月你投入到每个兴趣中的时间值；
- 金钱：你愿意为你的这个兴趣爱好付出多少金钱，如购买书籍、课程、培训等；
- 精力：你在做这件事情的时候，精力如何？真实感受是怎样的？

第二步，梳理表格进行数据剖析

列出自己近期最常培养的三个兴趣爱好，按照时间、金钱和精力三个维度数据的投入（每一个维度的总投入额度为100），算出你这个月在兴趣

上的真实数据分配情况。

价值兴趣剖析表（以本人为例）

兴趣爱好	金钱	时间	精力	合计	排序
写作	40	40	50	130	1
运营操盘	30	20	10	60	3
阅读	30	40	40	110	2
合计	100	100	100	300	

从以上价值兴趣的数据剖析表可以发现，现阶段，对我来说，三个兴趣的价值排序分别是写作、阅读和运营操盘。

通过这个方法，能对自己正在尝试的多个兴趣进行有效梳理，从而得知哪些兴趣值得你继续投入，最终让价值兴趣成为你的核心技能，为你的斜杠事业添砖加瓦。

当然，每个人的兴趣爱好并不是一成不变的，当你的价值兴趣成了一个核心技能，你可能又开始培养一个新的价值兴趣，直到它再次成为你的核心技能。

不断增加核心技能就是作为斜杠女性的专业技能，而相关的价值兴趣和爱好又会成为可以满足需求带来价值的相关技能，最终帮助你打造专属自己的能力圈，成为你的护城河。

对于每个人来说，找到一个相对价值兴趣只是漫漫长路的第一步，如果就此结束，就像烧开水时水烧到 50℃就停下来了，对于后续发展不会有太大的影响和帮助，唯有将水烧到 100℃，才能够做成很多事情。

因此，一定要找到你的价值兴趣，然后将它变成你的专业技能，这部分内容在后面我们会具体讲述。

第三步：找到深耕价值兴趣的底层逻辑

当我们有了自己的价值兴趣，就要不断花时间、精力、金钱去深耕，而在这个学习、深耕的过程中，也是有“套路”的，即将普通的兴趣爱好发展为价值兴趣过程中，你不断试错最终形成的方法论。

当你的价值兴趣为你的斜杠之路赋能且创造价值了，就会成为里程碑事件，并且这些都会帮助你在斜杠之路上更有内在驱动力和自信心。

在打磨价值兴趣的时候，你可以问问自己以下问题：

- 这个价值兴趣和上一个价值兴趣有什么联系？
- 这个价值兴趣帮助我形成了哪些里程碑事件？
- 下一次需要完成目标或是新的成就事件的时候，可以运用哪些价值兴趣？

当你不断进行梳理，你会发现价值兴趣学习和培养的底层逻辑，这将会助力你在其他兴趣发展上实现已有知识和方法的链接整合，更容易让你突破舒适圈，开启新的价值兴趣探索。

第四步：探索价值兴趣成就的模板套路

正如之前我们说到的快速阅读，一天阅读一本书，其实在价值兴趣的探索上，找到套路（技巧）也能加快学习速度。探索套路本身也是有章可循的。一般情况下，当你反复多次接触同一类型的事情，总能摸索出其中的相似性和统一性。

如果你一开始就有意识地寻找兴趣之间的关联，并且归纳出专属于自己的特色，你就找到了一个细分赛道，也能更容易做好一件事，实现价值兴趣变现。

我认识的一个斜杠女性，她是一个非常善于管理时间的人，她发现市场上有很多时间管理的课程，但她并没有放弃，反而去寻找这些课程的相似性，并且据此分析自己在时间管理上的专长，最终她研发出了二胎妈妈时间管理法，目标人群非常精准，在自己的赛道上也取得了不错的成绩。

对于每一个想要成为斜杠女性的人来说，前期就是在不断试错，从而发现自己的价值兴趣，并且通过梳理、打磨将自己价值兴趣的探索之路走通、走顺。

当你不断挑战各种问题，让自己的能力得到全维度的提升，当你不断梳理“成功模板”并将这些成功的经验运用到新的价值兴趣培养中，一定会事半功倍。

二八原则，打磨你的核心技能

当你有了价值兴趣，再通过不断深耕，就容易打磨出自己的核心技能了。

这个过程中，需要你有强烈的目标感和专注力，朝着你前进的方向坚定地投入时间、精力、金钱等，这样你才能够收获成果。

19 世纪末 20 世纪初，意大利经济学家巴莱多发现，在任何一组东西中，最重要的只占其中一小部分，约 20%，其余 80% 尽管是多数，却是次要的，这就是二八原则。在我们打磨核心技能的过程中，这是一个非常好的精力分配方法。

当我开始做自媒体的时候，我就无意间在网络上看到了下面这幅图。

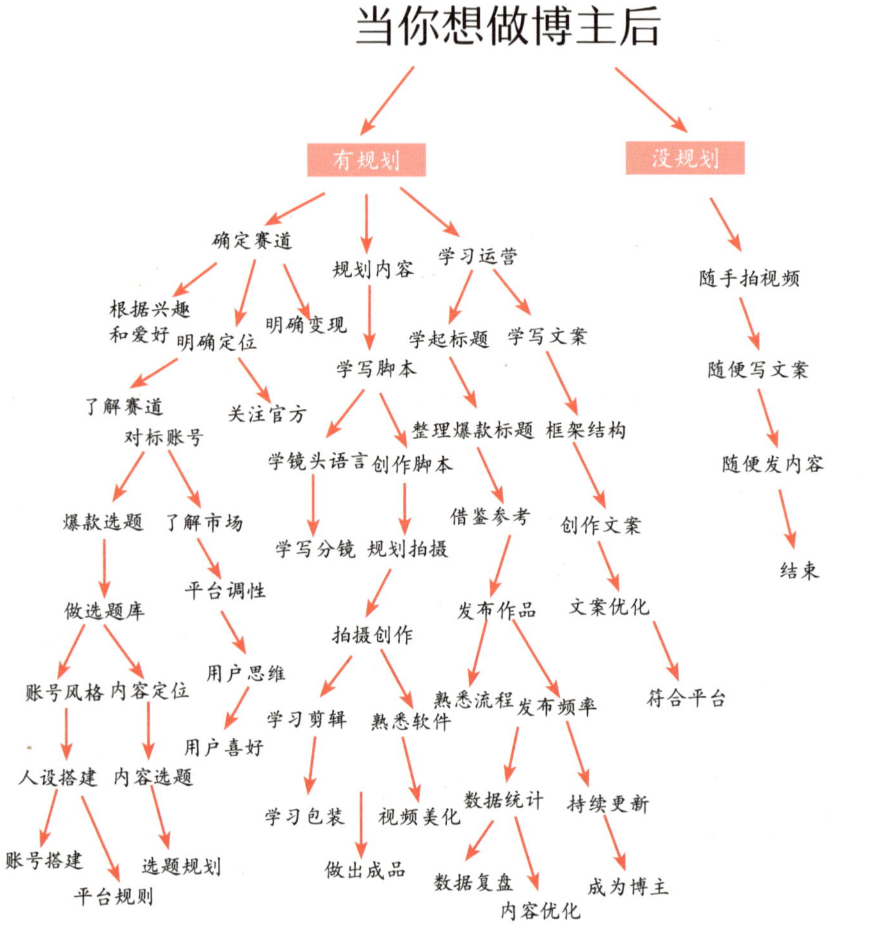

看了上面这张图，你有什么感受？是不是深刻认识到了有规划的重要性？事实上，提前规划可以让我们更好地分配时间和精力。

当然，在打磨技能的过程中，以下内容是你应该学会的。

放下你的完美主义

小仓广的《做事的常识》中提到了一个很有意思的故事，讲述了一个阅读困难的人如何养成阅读习惯。

你觉得是利用了什么方法？

事实上，刚开始并不是罗列冗长的书单，也不是每天定时坚持阅读，更不是加入阅读社群、缴纳高昂的打卡保障金，而是每天做一个动作就行：利用每天通勤时间，将自己带的书翻看一下，每天只是把书翻开一下，一下，一下……

你可以尝试一下，每晚睡觉前都打开书，不管打开以后能看多少，也不管是不是打开没多久就睡着了，你都坚持继续这样做。

故事的主人公就是用了这个每天打开一下书的方法，让那个总是抱怨没时间的先生有时间看书，并且看完了越来越多的书。

因此，在你打磨自己核心技能的时候，最重要的是开始，而不是方法！

其实，市面上有很多关于技能训练、提升的书、课程或培训，方法可能一箩筐，但是你从来没有真正开始行动，一切都是枉费的。

任何技能在一开始训练时，都有可能是“拙劣”的，但那又如何？并不是每个人都是天赋型选手，爱迪生曾经也说过“天才是99%的汗水加1%的天赋”，就算天赋异禀，如果不努力，也一样泯然众人，不是吗？

如果现在你想要培养阅读技能，但是不知道从何开始，那么重要的并不是方法，而是让自己每天在业余时间打开书本，慢慢养成阅读的习惯。

比如，你想要打磨写作技能，先去每天写100字再说；

比如，你想要打磨阅读技能，先去每天翻开书再说。

刚开始，只管干就完了，从最简单的开始！

每天看多少书没有关系，看几页可以，看几行也行，只要你开始看起来，和书培养起感情，经过一个月的培养，最初的恐惧感就消失了，也就不会对阅读有畏难情绪了，慢慢地再加上一些方法，最后也就掌握阅读的核心技能了。

当你一周能够看完一本书，你就已经走在前进的路上了，一年下来就有非常可观的阅读量了。

不积跬步，无以至千里。放下你的完美主义，只要开始了就很了不起。

每天都做非常好

一旦你开始进行一个技能训练，就会不知不觉产生无数的消极情绪，在你脑海里会出现一些负面评论，如“你这个写的是什么呀”“流水账，没有人愿意看”“写得这么差，还是算了吧”……这些想法会阻挠你成为更好的人，甚至让你放弃当下的训练。

21 天养成一个习惯？不可能的！

经过以往的很多次试验我发现，在 21 天里不间断地高度专注进行一个训练的时候，一定会遭遇很多不可思议的意外情况，导致正在进行的训练有可能中断，甚至彻底放弃。

所以，让一个人每天都做得非常好，并且长期坚持下去，几乎是不可能的，也不合理。

需要注意的是，我们培养一个技能，或是做一项事业，都需要坚持长期主义，按照自己的节奏把握好整体，不可能每天都按高标准做到极致，否则人很容易倦怠。

当你看到别人的光鲜亮丽，以及年复一年的“完美”，不要忘记提醒自己，你看到的只不过是别人想让你看到的，而你的生活却是你自己的！

积极给予自己奖励

每年年末，都会看到很多大咖晒出自己的年度计划、阅读计划，看得人热血沸腾。

我自己曾经也是这样的，但是跟着他们买了年度计划表，并写下了目标之后，我发现结果并不是很满意。这让我想起网络上调侃的段子："2023年的目标就是搞定2022年那些原定于2021年未完成的安排，只为实现2020年时要完成2019年许下的誓言，一定不要像2018年那样只会跟着2017年去做2016年都没给2015年完成的目标！""扎心"了吧？

很多时候，我们立下的Flag越多，完成率可能就越低，因为精力和时间有限，太多的目标反而分散了我们的注意力，甚至到最后想做的事情都不能完全做完，最终只好以失败告终。

可以尝试聚焦于一个领域里，少而精地完成，并且当你想要做一件事的时候，可以先设置一个达成奖励，并将它可视化地呈现在你的书桌前。

比如我要健身，那就把健身达成的目标数据写下来，最好再找到一张身体图片打印出来，然后在旁边写上达成后的奖励，可以是你之前舍不得买的衣服、鞋子，总之是你特别想要的东西。

这样的方法，后来我也迁移使用在英语学习和写作上，为了降低难度，我选择和儿子一起共读，相互监督。还别说，效果更好了！孩子不再随意嚷嚷着要买什么东西了，而是把想要买的东西先写在梦想相册里，完成了目标就抽盲盒，不仅有了获得感，还能延迟满足，看清自己的真实需求，真是一举多得！

那么，要是完不成呢？也会有惩罚！为什么呢？因为这样才更有趣，可以倒逼你下次在设置目标的时候进行深入思考，比如，我因为没有完成尤克里里的训练，就惩罚自己刷了一个月的马桶。承担就是干一件自己特别不愿意做的事情。

失败了，大不了从头再来

有了认识，也开始小步快跑了，还给自己设置了奖励，结果还是失败了，怎么办呢？

“你真是太糟糕了”“以后肯定还是做不成什么大事”“你还能学会什么技能呀”……

停停停！赶紧喊停，别自我反向催眠了！

我翻看了自己2023年的梦想清单，有许多在技能养成过程中失败的案例：

学会尤克里里，并弹奏一曲；

研发一门版权课程；

练就清晰的马甲线；

……

失败的技能训练还有很多很多，这里就不一一写出来了。

但是，失败是很正常的一件事，正如有句俗语说的，“失败是成功之母”，所有的美好都是要付出代价才能得到的，一个好的习惯也是。

在失败的结果面前，重要的不是否定自己，而是分析失败的原因，如果是不合适的目标，那就调整或舍弃，如果你觉得值得继续追求，大不了从头再来！

依旧可以先开始，然后再把目标拆解为各个阶段的，并且给每个目标是否能达成设置可视化奖励和具体惩罚措施。最后，请继续保持积极乐观的心态，每天变得好一点，就已经很不错了，不要期待一下子成长飞跃，抑或一夜暴富。

还是拿阅读这个技能举例，如果你想要养成阅读习惯，那就让你的包里永远有一本书，每天翻开它；每周可以买一本好书，每个月可以去一次图书馆，这些方法都尝试起来，开启你的技能打磨第一步吧！

接下来，我们再具体说说用二八原则打磨核心技能的具体方法。在讲述之前，我想先给大家讲个故事。

- 女性A，有自己的本职工作，日常喜欢做手工，从大学时代到现在毕业三年，未婚未育，一直在手工圈深耕自己的技术，每年会投入很多的人力、物力、财力在手工上，已经产出了很多产品，但是对于手工部分的变现，并没有什么具体的规划和想法；
- 女性B，大学毕业十年，最近因为前公司裁员被迫换了新工作，还没有适应新的工作岗位，而且因为家里催促，于是开始备孕，整个人的压力非常大。

你觉得，哪个人现阶段更适合成为斜杠女性？

我想很多人会选择A，因为她的整体状态不错，看起来天时地利人和。事实上，现在不少人都如同B，自己的生活和本职工作一团糟，却一直想要成为斜杠女性，即使开始了，效果也不会太好，因为成为斜杠女性，很大程度上需要有自己的技能、状态和综合能力做支撑。

因此，想要成为斜杠女性，一定要分析自己当下的状态。没有一个人可以完全改变另一个人，除非你自己想要改变，才能被点亮、被激发，从而自我改变。

简单来说，要成为斜杠女性要先调整好自己的状态，内心有力量，才更容易抓住机会、资源和贵人等外部条件。

第一，花 20% 的时间去整理你的状态

分析一下你现在是闲适还是忙碌状态，或是已经建立了从 0 到 1 的斜杠身份，根据不同的状态需要做出不同的调整。

如果你现在很忙碌，那么要看一下是因为事情太多而忙碌，还是因为自己效率太低，事情多的可以断舍离，去掉不必要的事情，效率太低的可以提升自己的效率。

如果你已经有一技之长，并且有时间去探索，那么就要拨出大量时间去深耕这项技能，善用资源、人脉、能力等，产生里程碑事件。

第二，花 80% 的时间去打磨你的技能

如果你在主业上已经很累了，对其他的事情毫无兴趣，也不必强迫自己，应该先做好精力管理，让自己张弛有度。

如果你已经确定了自己的时间和要发展的核心技能，花 80% 的时间去打磨你的技能，把一壶水彻底烧开，不断积累和叠加对成长有长远价值的技能。

自己梳理一下，现在你的状态像 A 还是 B？

如果你现在是故事中的 A，那么你可以花 20% 的时间和精力在自己的主业上，花 80% 的时间在斜杠身份的探索上；

如果你现在是故事中的 B，建议花 80% 的时间和精力在主业上，花 20% 的精力和时间尝试关注外部的机会。

二八原则的运用是灵活变通的，主要基于你现在的时间、状态和目标。要注意的是，不要过度忧虑，因为做任何事情都不存在绝对的最佳时间。虽然雷军曾经说过“站在风口上，猪都会飞”，但你要清楚的是，对

于很多人来说，做了一个选择就相当于放弃了另一个选择。

事实上，当你不断成长，你会明白比做选择更重要的是，要为自己做的选择负全责，既然选择了，就努力做到最好，如果你尽力了，依旧没有如你所愿，那也经历了，及时止损也是非常不错的选择。要知道，你的每一次尝试都是为你的整个人生价值而努力，这已经是很不错的成长状态了！

最后，我们再次复盘一下二八原则和打磨核心技能的重点。

◆ 确定自己的核心技能

核心技能是指对于自己的职业或斜杠身份发展有重要影响的技能，如阅读、写作、演讲等。确定自己的核心技能，需要根据自己的兴趣、优势、需求等因素进行分析和选择。

◆ 找出核心技能中 20% 的重点内容

重点内容是指对于核心技能的掌握和应用有决定性作用的内容，如编程中的基本语法、阅读中的开始行动等。

◆ 投入 80% 的时间和精力去学习和练习重点内容

学习和练习重点内容，需要制定具体的目标、计划、方法和评估标准，以保证学习的质量和效果。学习和练习的方式可以是阅读、听讲、观看、模仿、实践、创造等，要根据自己的学习风格和水平进行选择和调整。

◆ 用剩下 20% 的时间和精力去涉猎和拓展其他内容

其他内容是指对核心技能进行补充和延伸的内容，如编程中的不同语言、框架、工具等，也是斜杠女性的相关技能部分。当你去涉猎和拓展其他内容，可以拓宽自己的知识面和视野，也可以激发自己的兴趣和创意。涉猎和拓展的方式可以是浏览、收藏、分享、讨论、尝试等，要根据自己的兴趣和需求进行选择和安排。

随着互联网时代的到来，信息更迭速度飞快，作为斜杠女性，你需要快速做出反应以不断适应这个变化巨大的外部环境。切记：任何时候都要将自己 80% 的时间用于深耕你的核心技能，而你所投入的将会决定你成为什么样的人。

你的人生中，80% 的投入构建了你的核心竞争力，而现代社会多业态的环境下，斜杠女性会成为未来趋势，越来越多的工作没有时间和地域的限制，你并不是在追赶别人，你追赶的是正在快速成长的自己！

四大象限，拓宽你的能力维度

现在的你已经有了一个核心技能，并且打磨得很不错，但这还是不够的。想要继续在自己的赛道取得进步，你还需要不断拓展自己的能力维度，也就是培养作为斜杠女性的相关核心技能。

在拓展相关技能和能力维度之前，我们先要了解一下认知的四种状态，这可以帮助我们在学习过程中更好地查漏补缺。

一个人认知的四种状态分别是不知道自己不知道、知道自己不知道、知道自己知道、不知道自己知道。

- 不知道自己不知道（第一象限）：这时候的你，完全没有觉察到自己需要学习知识、提升技能，造成这种状态可能是受我们的视野、思维或水平的局限，需要进行拓展和创新。例如，很多人认为只能找一份工作，而没有意识到可以成为斜杠女性，也不清楚成为斜杠女性的长远意义和价值，这就需要你去探索和挖掘。第一象限的状态对成长是不利的，因为处在这种状态中的人很有可能会以为自己什么都知道，在一种自以为是的认

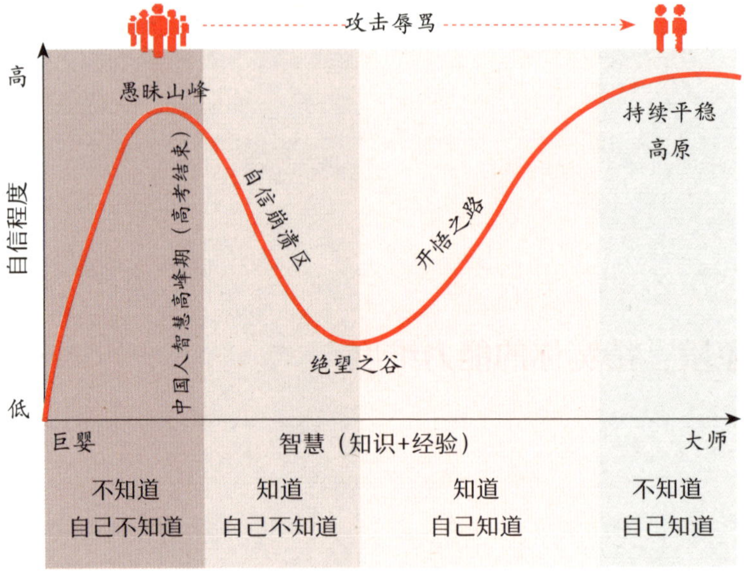

邓宁—克鲁格心理效应

知状态中而不自知。

◆知道自己不知道（第二象限）：这时候的你，明确地意识到自己缺乏的知识，需要进一步学习和补充的部分。例如，读完这本书以后，你发现原来自己还可以有不同的选择，于是你开始想要成为一名斜杠女性，这是成长的开端，因为此时的你开始有谦卑和敬畏之心，怀着空杯心态准备丰富自己的认知。

◆知道自己知道（第三象限）：随着不断探索，你不断寻找兴趣价值、打磨核心技能等，你已经掌握了知识，可以自信地运用和表达，这时候的你已经找到了事情的规律，提升了自己的认知，在成长中又进了一步。

◆不知道自己知道（第四象限）：不知道的是你潜意识中已经掌握的知识，通过你的知识加实践，形成了成长中的真智慧，但是却永远保持空杯心态，这是认知的最高境界。“大智若愚”说的就是这个阶段中真正的大师。

知道了这个认知的四大象限，对成长为斜杠女性有什么益处呢？

首先，正确的认知可以帮助你更全面地了解自己的知识状态，更有效地安排自己的学习计划，更有针对性地提升自己的学习效果。

通常来说，你可以尝试这些方法：

- 充分利用第一象限的知识，巩固和运用自己的优势，提高自己的信心和水平；
- 积极补足第二象限的知识，填补和消除自己的盲点，扩大自己的知识面和视野；
- 适当挖掘第三象限的知识，反思和激发自己的潜能，增加自己的知识深度和创造力；
- 不断探索第四象限的知识，拓展和创新自己的思维，提升自己的知识高度和价值。

事实上，当你有了一项核心技能，你就可以更好地学习相关技能，因为相关技能与你的核心技能有一定的联系，能够相互支持、相互补充。例如，我的先生作为程序员，他精通编程，而编程的核心技能是编程语言，相关技能有算法、数据结构、数据库、网络、操作系统等。明白了自己的核心技能与相关技能的关系，就可以更好地利用四大象限去帮助自己明确学习方向和目标，避免走弯路或学习无用的技能。

我们也说过，当你打磨了一项核心技能，就可以将核心技能作为基础，逐步拓展相关技能。当你在核心技能上有一定的积累和熟练度，而且梳理出一些“套路”，你就可以更容易理解和掌握相关技能。

拓展相关技能，需要通过阅读书籍、参加课程、培训、实践等不同的方式，更全面地学习相关技能的内容，更深入地掌握相关技能的要点，更深刻地提高相关技能的兴趣。

最后，就是不断反馈和评估自己相关技能的水平，在运用中不断改进和提升，因为最好的试验方式就是分享和变现，让市场给你一个反馈。

成为一个斜杠女性，需要具备很多技能，如写作、表达、阅读、项目管理、时间管理、精力管理等，它们都可以成为你核心技能下的相关技能，与此同时，也可以不断发展出新的核心技能。

这里有一个彩蛋想要分享给大家，就是我自己最初在小镇上探索斜杠事业初期阶段用的“人事网书”的方法，快速地提升了自己成为斜杠女性的相关技能。

◆人：指的是成长中的主体，即负责完成相关任务的人员，包括自己和核心合作伙伴。

比如，在刚开始探索斜杠事业的时候，我自己是主体，我的丈夫是我的核心伙伴，我们之间有着明确的角色、职责、目标、期望、能力、风格定位等，这样在初期就可以合理地分配和协调当时的资源，提高协作性，让我可以实现初级阶段的左手家庭、右手事业。

在个人成长、提升技能方向上，人的部分占据你整体付出的30%，比如你可以主动请教、打听消息、观察别人的言行，这些都是可以促进你发展的行为。

◆事：指的是成长的内容，即需要完成的工作任务，包括日常的、周期性的、临时的、紧急的等各种类型的工作。事的部分需要明确工作的重要性、紧迫性、优先级、难易度、进度、结果等，以便有效地安排和执行工作计划，提高工作效率和质量。在我不断地探索斜杠事业的过程中，每天都会做工作记录，也会和丈夫、合作伙伴进行积极沟通，这样可以实现高效能。

在个人成长、提升技能方向上，事的部分占据你整体付出的15%，包括你的亲身体验和意外收获，通常亲身体验发生在旅游、娱乐和社交、日常生活、衣食住行等场景中，而意外收获包括工作安排、未知事件、不可控的意外状况等。

◆ 网：指的是成长环境，即影响成长和发展的内部与外部因素，包括人际关系、组织结构、信息系统、市场变化、政策法规等。

要明确的是，“网”存在依赖性、影响性、风险性、机遇性等，它有助于提高成长过程中的稳定性和创新性。

在个人成长、提升技能上，网的部分占据你整体付出的15%，包括主动获得和被动获得。主动获得指的是你通过订阅号、热门推送和网课主动获得你成长需要的资料，而被动获得指的是那些推送信息、无聊的刷屏等。

◆ 书：指的是成长中的记录、书籍等，包括你成长过程中的日志、总结、反馈，还有影响你的各类好书，都是可以帮助你在个人成长过程中学习和完善的。

在个人成长、提升技能上，书的部分占据你整体付出的40%，读书是每一个普通人向上成长的性价比最高的一个渠道。

持续行动，成就你的斜杠体系

有了核心技能，也有了相关技能，恭喜你已经从 0 到 1 地成长为斜杠女性了。接下来，面对持续不断变化的日常，你需要持续行动，成就你的斜杠体系。

这些年，我也在不断探索自己的斜杠身份，从第一个淘宝店铺开始，到现在的 IP 操盘手，以及未来我希望成为一名女性成长 IP+ 操盘手，我认为不仅要满足现有技能和知识，还要提升新技能、学习新知识。与此同时，我还要清楚地承认自己的优势和成就，认识自己的不足和进步。

小范围内，也许我自己已经实现了最初的目标，但是放到整个赛道里，我还不是一个超级个体，因此我需要不断学习和创新，完成一个又一个成就事件，这是需要持续行动的部分。当然，持续行动是每个人实现目标和梦想的重要能力，但也是反人性的事情。想要持续行动，有以下几个必备要素。

第一要素：一个清晰而具体的目标

当我不断地梳理这些年成为斜杠女性的路径，我确定了我的未来目标是让更多女性成为斜杠人才，这是我事业上的使命。完成这个使命需要我不断打磨好自己的样板，同时帮助更多女性拿到结果，获得家庭事业双丰收，因此这不是短期可以实现的，需要耐心，持续行动。

第二要素：一个合理而有效的计划

计划是我在行动过程中最喜欢梳理的，因为合适的计划就是一个行动指南，详细的计划包括行动的内容、资源、时间、进度、评估等，比如我开始写书的时候，每天都会固定写多少字，这样就可以保证进度。

第三要素：一个积极而稳定的情绪

成为斜杠女性，积极稳定的情绪是必不可少的，尤其是当你不断发展起来，可能会突发各种状况，比如，我在操盘服务的时候，曾经遇到过被学员投诉的情况，甚至因为社群运营中的一些小插曲而被学员们纷纷点名，这个时候要是自己的情绪太过波动或消极，就很难继续做好交付。

积极的情绪包括信心、乐观、兴趣、激励等，比如，在实现长远目标的过程中，你始终带着自己的使命感，也能够不断地看到自己的进步和收获，享受行动的过程和结果，并且给自己一些奖励和鼓励等。

第四要素：一个适宜而有利的环境

好的圈子是会产生化学反应的，想要成为斜杠女性，需要找到志同道合的朋友或是圈子，因为当你开始行动，反对的声音会多过支持的声音，这是我的亲身体会。

好的环境包括人际关系、物质条件、信息渠道、社会支持等，必要的工具和材料、有用的资料和建议、专业的指导和贵人帮助等都算是适宜且有利的环境，能够给你支持和持续的动力。

想要在斜杠女性的事业上持续发展，需要做一些具体的行动：

比如，我每天都会花至少一小时进行阅读，从而增加知识，完善知识体系；

比如，我每天会花时间在写作这件事情上，从而提升我的个人 IP 影响力，无论是私域还是公域；

比如，我会定期投资自己的大脑，参加提升自己的课程、购买相关书籍、链接一些专业的老师等；

比如，我会深入地运用自己的技能，在项目中进行实际应用和创造性尝试，完成经验积累和价值变现。

……

在这些实践的过程中，需要善用组合拳，让自己可以“一鱼多吃”。比如，在做一对一线下约聊之后，好的案例可以成为我朋友圈的素材，而回答的问题可以做成视频口播，慢慢形成问答案例库；另外，在我操盘的社群里做的分享，可以做成一个通用模板，精彩的内容可以写成演讲稿在直播的时候使用；与此同时，这个分享和梳理的过程又可以放在后续的版权课程里做素材引用，写书的时候也可以加进去；等等。这样就给自己的时间加上了杠杆，无意间也让自己持续行动变得更加轻松高效。

终身学习，深耕你的个人成长

成就了斜杠体系，并不断地持续行动后，你会发现自己已经击败了90% 以上的普通人，但是你要清醒地认识到，面对外部的不稳定因素，如市场革新、疫情影响等，也许你的赛道随时会消失。

那怎么办呢？

新东方的转型其实给了我们启示，那就是每个人必须有终身学习的能力，要深耕自己的个人成长，以不变应万变，拥抱新事物，创造新的价值！

还记得当初看董宇辉直播时，他是非常拘谨的，因为“他是老师”，有自己的情怀和梦想，而现在却在镜头前“卖货”，用他的话说自己也在慢慢尝试。

的确，从他个人到企业的转型，我们看到了终身学习的重要性，因为这种能力可以保持系统稳定性，提高决策能力。

每个想要成为斜杠女性的人，都需要持续输入新的信息，保证我们的知识在技术更新的时代依然能跟上步伐，提升自己的认知模型和决策能力。

那么，你知道为什么大家都在强调终身学习的重要性吗？

首先，终身学习是适应社会变化，提升个人竞争力，成为斜杠女性的必要条件。现代社会，科技日新月异，新业态层出不穷，给我们普通人提供了非常多的机遇，你可以不断地学习新的知识和技能，以适应不同的领域和环境的变化，从而提高自己的核心技能、专业素养和创新能力。

其次，无论你是职场妈妈还是全职妈妈，抑或未婚未育的社会人，当你想要满足个人的实际需求，让你的生活更加丰富多彩，不断实现自我价值，终身学习是必须的。

每个人都有不同的兴趣爱好、学习目标、生活梦想，通过终身学习，每个人都有机会拓宽自己的知识面和视野，增强学习乐趣和成就感，实现自己的个性化发展，请相信你自己。

到这里，也许你又有疑问了，成年人终身学习，到底该学点什么呢？

和阅读一样，成年人的学习也应该是带着问题和困惑去落地的，要根据你的具体目标去学习，而不是像学生阶段的孩子一样从基础学起。

要知道，我们的终身学习不是为了做学问、考学历，而是为了成长目标和解决问题。

简单地说，成年人的学习是功利的，但是大部分的人还是在漫无目的地学习。

当你阅读的时候，当你报名一门课程的时候，当你进入一个社群的时候……会有海量的信息扑面而来，这时候若事先没有清晰的目标，很可能漫无目的、效率低下，就不能获得有效的成长和收获。

这里有一个非常不错的个人成长策略，叫作“关键词学习”，可以帮助每一个想要快速成长的人，从学习资料中快速抓取自己想要的知识。具体步骤如下：

第一步，确定一个核心关键词，如斜杠女性；

第二步，把这个关键词扩展到多个维度，如全职妈妈、职业女性等；

第三步，写下所有和这个关键词相关的关键词，比如擅长的人名、作品等；

第四步，写下和斜杠女性相关的发散性关键词，如副业、变现等；

第五步，用以上所有的关键词进行搜索，最后确认 3 ～ 5 个对你来说特别重要的关键词。

根据以上步骤确定了核心关键词，你就需要善用周围的资源，去为你的主要关键词筛选有效的信息、知识、人脉等，这就好比朝着目标射箭，更有针对性。

当然，每个人成长的速度和节奏不同，因此关键词也并非绝对固定的，你可以每个月或是每年设置一个学习的主要关键词，例如，以月为单位，这个月的目标是体态管理，那么整个月就围绕“体态管理”这个关键词来学习，一个月过去之后，你对体态管理就会有比较全面的了解。伴随着你的行动，你一定会有很多新的收获。

一本书有很多字，一个社群有很多消息，对此不要感到焦虑和害怕，你要做的并不是百分百地全盘接受。和阅读一样，无论是社群还是书本知识，你只需要围绕目标去选取对你有益处的内容就可以了。

以参加社群为例，当你进入到一个全新的社群，你可以尝试这样做，对你的成长会很有益处。

第一步，入群的前几天，先对社群有一个整体了解，看看大家都在聊什么，哪些学员是比较积极的，他们的自我介绍是怎样的。

第二步，罗列本次你参加社群的目标关键词。比如，找到核心技能或是重点学习对象，这时候你就可以去筛选那些具备核心技能的人，并与他建立链接；看书也是一样的，看整本书的时候，把书的目录、其他人的推荐、序言都看一遍，选择 3 ～ 5 个关键词，带着关键词看书，一边看一边圈出和关键词有关的内容，当你了解了这些目标内容，这本书的阅读就结束了。

第三步，不要忘记及时做归纳和梳理。当你已经善用关键词学习，在你所在的环境中已经收集了很多和你的目标一致的内容，那么信息量应该已经很大了，这时候做好归纳和梳理就显得尤为重要。

在这些信息中，有些可能是马上就能够用来解决当下问题的，拿来就能用，那么就运用在合适的场景中，成为你新的探索和更新的部分；有些内容则不能马上被使用，但是它们的确非常好，对你后续的成长非常有益，那么及时建立你的专属主题资料库，保存好这些学习果实，为之后的分享、输出、回顾、复盘做好铺垫，一定记得做好关键词标签。有道云笔记和印象笔记都是不错的线上存储的方式。

当你不断地梳理和归纳，就可以更高效地学习，因为相似、重复的内容你已经整理过了，也已经完善在你的知识体系中了，就可以选择性跳过了，不必花太多的时间，而下次你要运用或是调取这些内容的时候，直接从文档搜索提取就可以。

学习高手会不断扩大自己的认知边界，而且对自己所学到的每一个知识点，都会有意识地进行归纳和整理，并且找到应用场景，最后成为个人的一部分，这就是终身学习高手和普通学习者的差距。

当你的知识储备越大，你的成长力就越强，人也会越来越好。

看到这里，你已经做了很多的内化和成长，也不断夯实了你的核心能力和技能，那么，接下来就勇敢地迈出成为斜杠女性的脚步吧！

再小的个体都是品牌，学会自我营销，不断塑造女性个人品牌影响力，你可以做到！

我们需要培养自己外拓的能力，通过写作、演讲合理地表达自己，有效地宣传自己，这样才能获得展现自己价值的舞台，并且有机会用自己的综合实力帮助他人，创造价值。

第4章

学会营销自己：

塑造女性成长品牌影响力

产生好内容：打造具有影响力的文字

在线下场馆运营的时候，我遇到了很多有专业技能的女性，她们本身能力很强，但是在变现上却不是很理想。经过深入交流后我发现，有一件事一直阻碍她们，那就是她们不敢自我营销。我之前也是这样，总觉得谈钱不好，太俗气。

在阅读和金钱有关的图书时，《有钱人和你想的不一样》这本书给我很大的启发，人与人事业和生活上的差异，在于思维的不同。在成为斜杠女性的道路上，改变自己的“穷人”思维和认知，是不断要做的事情，当你能够将技能变现，这就是个人综合实力的极大体现。

当然，任何时候，我们都需要不断向内探索，这样才能够夯实自己的技能、修炼自己的心性、培养美好的特质，让自己成为一座宝藏。

与此同时，我们也要明白互联网时代“酒香也怕巷子深”，我们需要培养自己外拓的能力，通过写作、演讲合理地表达自己，有效地宣传自己，这样才能获得展现自己价值的舞台，并且有机会用自己的综合实力帮助他人，创造价值。

一个人的综合实力就是内在价值和外拓能力的集合，不断彰显出其核心价值，这个过程可以让你的专业知识和核心技能为他人所知，而产生好内容是展现内在能力的有效出口，也是打造个人影响力的第一步。

在做自媒体和为 IP 操盘的时候，我发现打造具有影响力的文字可以从以下四个维度进行推进。

第一个维度：确定自己的目标受众和内容定位

举个例子，当你要打车去一个地方，你立马会做的事情是什么？我想一定是打开打车软件，输入自己的起点和目的地，这样才能让司机按照你准确的定位来接你，对吗？那么，要产出好内容，这里的“好”包括确定自己的目标受众，好比你的出发点——你对哪个人群传达信息，而内容定位就好比你的目的地——你要对你的目标受众传达什么。

事实上，当你想要做内容的时候，可以先梳理自己，想想自己是怎样的一个人，往往你吸引过来的也是与你类似的人，比如我是妈妈、自媒体创业者、操盘手，那么我通常吸引过来的人也是这些身份中的一种或是多种。你吸引过来的人会在一些方面与你有相似性，这就是“吸引力”法则。

另外，在内容定位时，可以先从自己擅长的内容开始分享，然后边做边分析，比如当你开始写公众号，阅读数据会直接反馈这篇文章的打开率，也能帮助你评估这篇文章是否符合目标受众的需求和兴趣。

当然，你也可以不断参考自己对标账号的内容，对他们的爆款文章做拆解，找到他们的文章阅读量高的底层逻辑，是标题取得好，还是文章结构布局非常好？抑或文章内容很有吸引力？当你自己不断踏实去写，也学会拆解别人的内容，就能够提升自己内容创作的能力。

这里要强调的是，也是我曾经踩过的坑，在创造内容的时候，不要忘记你自己是谁，要围绕自己的核心技能去输出分享，贵在“真诚”和“真实”。数据虽然重要，但不是最重要的，因为你一味看数据，就容易被数据绑架，导致最后热情被消磨，自己绊倒自己，无法持续深耕。

事实上，那些慢慢做起来的个人号，虽然粉丝量并不巨大，但是自己输出的内容不断体现出作者的真善美，且和号主的成长曲线有关，就会让读者有亲密感和获得感，也增强了读者黏性，建立了不错的信任感和口碑。

我在 2016 年合作的母婴 IP 就是这样，她的内容没有任何的花里胡哨，只是作为一个妈妈的角色分享自己育儿过程中的思考、学习和心得，现在十年过去了，也积累了几十万的粉丝。同样的逻辑她运用在小红书和抖音上，效果也非常好，目前粉丝量都稳定在几十万，也产生了持续可观的变现。

第二个维度：持续打造优质内容

在优质内容这块，要注意保证内容具有高度的原创性、专业性、逻辑性和可读性，这是优质内容的四个方向。

- 原创性：输出文章的时候，无论是在哪个平台，你的内容观点应该保证是新的、原创的且具有独创性。如同一个热点事件，可以有你自己的见解，提出一些新的思考或发现，或是对已有观点进行深入的探讨和解释。还是拿母婴类的文章举例，很多人在写侧卧奶睡不好，但是你写一篇文章表达侧卧奶睡的益处，这就是一个很不错的观点。
- 专业性：在优质内容中，表述的过程会特别留意数据的精准和表达的严谨，文章里的研究方法是科学、合理、可靠的，如果是引用他人的研究成果，必须进行标注，这都体现了专业性。

◆ 逻辑性：优质内容如同一篇论文，各个段落之间是逻辑清晰、连贯一致的，并且相互支持，文章观点是基于实验或观察结果的逻辑推理和解释得出的，让人阅读完会有新的思考和收获。

◆ 可读性：好的文章往往能做到语言清晰、简洁、准确，并且易于理解，而不是晦涩难懂或是太复杂冗长的，这很考验作者的能力，也是需要不断锻炼的能力。

当你开启了优质内容创作，就容易出爆款，无论是数据还是传播都会更上一层楼。这个过程中，最重要的是遵循自己的成长方向，因为如果一味追求爆款而忽略自己真正想做的有价值内容，就有点缘木求鱼、不可持续了。

因此，优质内容就是有价值，对受众有用的信息、观点和见解，以及有力的论据和证据，遵循一定的结构和格式，使用清晰的语言和表达，以及恰当的标题、图片和标点。

第三个维度：利用多种渠道和平台进行内容传播

你听说过内容矩阵吗？简单地说，就是你的优质内容在多渠道、多平台发表，以获取更大的流量曝光。

比如，你在公众号发布的爆款内容，到不同的平台再去发布，大概率会再次成为爆款，因此能获取更多的流量。当然，有些平台对于同样的内容是会查重的，而有些不会，依然会给你的内容进行流量推送。

还有一种矩阵是在短视频赛道，别人的爆款内容，你继续去拍，换个方式展现已经爆款的内容。

我最多的时候有 8 个平台，包括知乎、大鱼号、简书、小红书……都发过文章、音频、视频等。过了一段时间，我发现自己精力有限，虽然我还招募了助理，但是依旧觉得效果不是很满意。因此，在这里我想讲一个非常重要的思维，那就是代理思维，这是我在做微商的时候学到的。

无论是为了打造个人品牌还是为了扩大影响力，其最终目标都是变现，这是肯定的，毕竟没有产出的事情，很多人都没办法坚持做下去。

一个 IP 起步阶段是非常辛苦的，又要产出内容，又要自我学习，又要做服务，还要在各个平台更新内容，因此“代理思维”是非常重要的。这就是所谓的“团队化”，可以在你的目标受众中挖掘合适的人，并去培养他们。

有些人很有执行力，但是不知道怎么入门；有些人很会做内容，但是不懂得平台的规则和机制。当你自己培养人时，他们可能是你的关注者或朋友，本身就非常认可你、相信你，希望和你一起做事，这些人可以成为合作伙伴。

我操盘的健身 IP 项目，就使用了这样的方式，不仅解放了 IP 的时间，也帮助更多学员拿到结果，让他们能快速根据自己的优势成长起来。比如，IP 做视频，可以授权给学员去分发和使用，最终产生的销售可以给分发者提成，现在很多短视频头部主播都在用这个方式做“切片”传播。

比如，一些头部的读书会，也是同样的底层逻辑，他们先把自己的私域社群做大，全靠“人海战术 + 利益捆绑”，人多力量大，100 人就算每人每天发 3 个视频，就是 300 个视频，一年就是 $365 \times 300=109500$，将近 11 万个视频，这个矩阵真的是厉害！

在这个过程中，IP 和学员是相互成就的，作为 IP，你帮助你的学员成长，复制可操作的流程和分发内容给他们，出单了由 IP 团队提供服务，前期谈好分成比例就行了，双方互惠互利。

当你善用自己已有的社群和粉丝资源，并且不断地基于你的成长去调整内容的形式和核心价值，去适应不同的用户和场景，利用社交媒体、内容聚合平台、自媒体平台等多维度分发的时候，你的内容将会分享给更多的人，影响力也会呈指数级增加。

第四个维度：与受众进行互动和沟通

这一点是特别重要的，因为在互联网上人和人的链接和线下见面是不一样的。因此，作为 IP 要有和受众互动的意识，任何时候都要记得有一颗感恩之心，因为一个小 IP 成长起来，其实是基于很多信任你的用户的托举。

当用户针对你的内容、课程、服务等给予反馈和评价的时候，可以抓住机会和他们进行有效的互动和交流，这样更有利于自己的成长，做得好的继续保持，做得不那么好的就进行优化，千万不要有偶像包袱，从而更好地与受众建立良好的关系和信任度。

当然，也可以善用平台去发起话题、投票、活动等，增强受众的参与度和黏性，还可以给予他们一些适当的奖励和实质礼物，这会让彼此的链接更真实。举个例子，当时操盘线上社群的时候，每次开营我们都会给每位学员邮寄开营大礼包，结营时也会为优秀学员、社群服务学员等邮寄证书、奖励等，这样做的效果非常好，至今我与很多学员还是朋友。

对于斜杠女性来说，与受众进行有效的互动和沟通是宝贵的资产。互联网时代，每个人都有自己的线上信任货币，一定要好好爱惜自己的羽毛。

达成大收益：提升个人的营收成就

自媒体时代，每个想要成为斜杠女性的人，都朝着成为超级个体的方向在努力，最终通过自己的专业技能提升个人营收成就，这是必经之路。

那么，怎样才可以在互联网上达成大收益，提升自己的营收呢？

第一，选择合适的自媒体平台

当你产出好的内容，投放在好的平台上便可以让你如鱼得水，因为对于 IP 来说，刚开始很难有大团体，最好采用“主平台 + 副平台”这样的组合拳。比如我自己是“公众号 + 小红书 + 抖音”这三个平台去做，围绕自己的操盘业务，服务好 2 个 IP 并进行深度绑定，就我当下的状态来说，我对营收已经很满意了。

在选择平台的过程中，要分析自己的内容类型、目标受众、竞争优势等因素，选择最适合自己的自媒体平台，如微信公众号、微博、知乎、抖音、B 站等。我分析过我所操盘的一个 IP 的调性发现，她在微博上做得非常好，每年粉丝都在大量增加。因此，选择什么平台，除了平台本身，还要分析自己的状态和内容的调性。

所谓知己知彼，百战百胜，做自媒体也是一样的思路。

第二，构建稳定的粉丝群体

刚开始做自媒体的时候，将很多平台上关注的用户引流到自己的个人微信是比较方便的。随着私域的火热，各大平台纷纷出台各种规则，将平台上的粉丝引流下来变得有点困难。但是，方法总比困难多，我们可以换个思路去构建自己的粉丝群体。

首先，产出好的内容永远是第一步。因为当你不断给予有价值、有趣味、有内涵、有作用的内容的时候，客户是能够感受到的，这样同频的人就会被你吸引和留住。

其次，当他们已经留下来了，就需要深入链接、多维触达。可以通过互动、反馈、奖励等方式，不断增强信任度和黏性，这时候善用大平台的粉丝群功能或私聊功能，统一管理粉丝，就可以更稳定地触达他们。

最后，不断进行自我营销和曝光。无论针对你个人的成长、产品、课程抑或服务，都可以让粉丝更好地了解你，保持利他的心，增强粉丝的参与度、活跃度，更好地让他们成为你的铁杆粉丝。

流量时代已经悄然过去，存量时代已经来临，谁有更多信任自己的私域粉丝，谁就能更好地实现有效变现，因为变现不仅是你价值的回馈，更是粉丝的信任变现。

第三，掌握多种变现方式

作为一个斜杠女性，想要触达目标用户是需要有抓手的，这个抓手要根据你内容的特点、粉丝需求和市场环境而不断更新调整。

举个例子，知识付费刚刚兴起的时候，很多 IP 都是通过建立免费的社群，先让更多的粉丝进入自己的社群中，了解自己。其次，根据市场的情况，不少 IP 推出了录播课程，解决粉丝的需求和问题，在多平台分发合作，都取得了不错的营收。再次，直播兴起，IP 们又纷纷做直播课程，与粉丝有了更多的互动和交流，也提高了课程的参与度和效果。最后，更多的用户需要一对一指导、集训、圈子等，市场上很快又有了咨询服务、特训营、私董会这类产品，进而又帮助 IP 不断扩大了营收。

以上这些，是我十年斜杠之路亲身经历的，有些产品是单一推出的，有些产品是组合推出的，没有先后，但是有需求就会有市场。

对于每一个想要成为斜杠女性的人来说，了解这些变现方式，分析当下自身的状态和能力，选择适合自己的是最关键的，如平台广告分成、广告收入、公关宣传、品牌合作、知识付费、产品分销、产品销售、打赏等，选择是非常多的。

要注意的是，需要提前做好规划和需求分析，循序渐进地扩大营收，在这个过程中不断优化变现策略、渠道、效果，从而提高你的收益率。

第四，拓展自媒体矩阵

这部分内容在上一节的内容矩阵中已经讲述过，此处不再重复，仅以下图再强调一点："一个事业想要做大做强，是因为一群人希望你做大做强。"当你有了自己的 IP 品牌影响力、"护城河""金字塔"及强大的内容矩阵，你将会发现自己一年的成果抵过去十年。

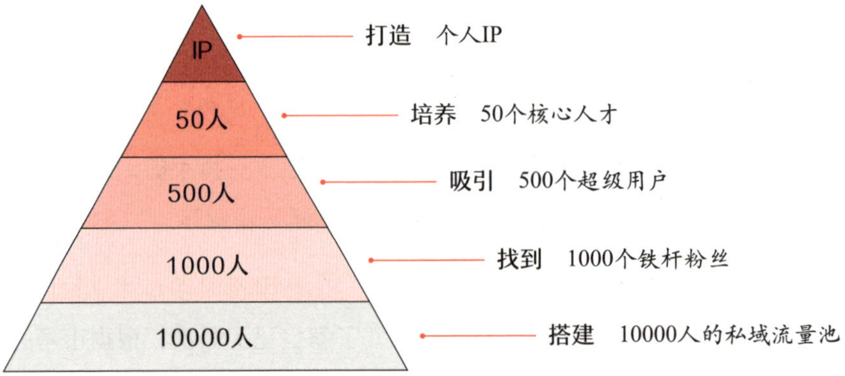

做好高交付：给予多维度、高质量获得感

你产出了好的内容，也吸引了一批信任你的付费用户，这时候就可以做好高交付，给那些信任你的学员和客户提供更多维度的高质量获得感，这是非常重要的。

那么，如何做好高交付呢？

第一，帮助用户拿到结果

你的学员因你而来，是因为信任你，而你高交付的核心是帮助他们拿到和课程设计目标一致的结果。

比如，你的课程设计了学习目标和学员获得，那么你在课程交付的过程中，需要帮助对方实现学习目标，满足最初需求。与此同时，帮助他解决实际问题、提升能力和价值，那么他会更信任你，因为他拿到了与课程目标匹配的结果。

任何一个知识产品，都是有明确定位的，有针对性的内容和系统的方法论。比如我操盘的一个高客单价项目，是针对妈妈做产后修复的，这个

过程中要帮助妈妈们完成盆底肌、腹直肌、骨盆的修复，重建呼吸系统，这是我们要交付的核心内容，这也是我们课程本身的价值。

第二，给予用户超出预期的服务

高交付可以提升斜杠女性个人的能力，进而优化个人的综合实力。

事实上，多维度高质量的获得感，肯定不仅仅是课程本身对学员的帮助，还包括服务质量、用户体验及反馈等。

一个知识付费产品的主体是你的专业技能输出，而课程的精心制作和课程设计，可以让学员体验到你的专业。

与此同时，整个交付的过程中，你如果提供了更完善的互动和体验，重视用户需求，解决他们的实际问题，并且给予他们超出预期的服务，会让学员有超强的被认可、被尊重、被爱护的体验感和身份认同感。

举个例子，还是我们的产后修复服务，我们除了帮助妈妈们做好产后修复，还会特意针对她们当下的心理状态、情感状态和育儿状态等提供多方位的附加服务，如远程的视频、一对一约聊、复盘评估、实物礼物等，这些是课程承诺以外超出对方预期的价值，这就是多维度的高交付。因此，我们这个项目最终的效果非常好，客户好评率达 100%，也帮助客户加深了对我们的认识，大家更乐意帮我们进行口碑宣传，这是非常宝贵的信任。

第三，长期服务好铁杆粉丝

作为一名斜杠女性，我们做任何事情都要坚持长期主义，对待客户更是如此，尤其是对于我们的铁杆粉丝，是需要长期服务的。

比如，在健身 IP 的项目中，无论我们推出什么课程，老学员都是享受最大优惠的，因为他们在 IP 起步的时候就一直提供支持，并且给予非常好的反馈，帮助 IP 有效、持续地进行内容优化和改进。另外，我们也会定期给用户抽奖送礼物、回馈老学员，在特别的日子，还会给学员送惊喜。课程虽然结束了，但彼此之间的链接是永久的。

当你重视交付就会坚持长期主义，而不是一锤子买卖，在你的极致利他之后，变现只是其中一个产物罢了。

最后，基于马斯洛需求层次理论，给所有想要成为斜杠女性、做好高交付的你一个建议：要关注他人需求，不管你是哪种形式的输出，都尽量留意别人的需求，并最大限度去满足。

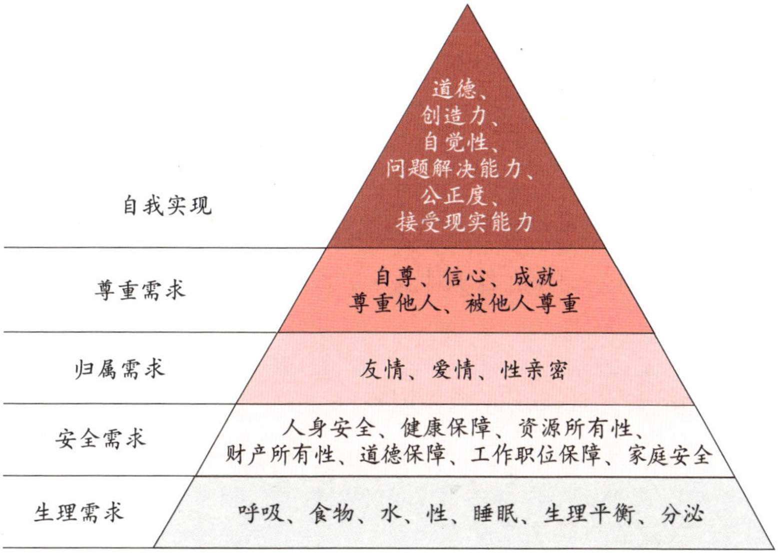

作为一名不断成长的斜杠女性，不论在什么阶段，都要记得感恩和利他，因为你的善意最终会以某种方式回馈你。

实现优管理：凝聚多方力量激发创造力

在斜杠女性发展的中后期要特别重视管理，因为这时候的你已经不再是单打独斗了，而是有了合作伙伴及小团队了。

在项目操盘的过程中，我发现优化管理，可以不断激发团队的凝聚力和创造力，这也是项目成功的关键因素。

下面以过去一年我操盘的项目为例来具体说说这部分内容。

第一，关注成员需求

需求始终贯穿一个斜杠女性的成长过程，因为没有清楚地了解需求，就很难有的放矢地去实现你的目标。

在团队管理过程中，想要实现优质管理，核心就是以人为本。每个伙伴、团队成员乃至学员都有自己的需求、优势和能力特长。在一个项目的运维过程中，帮助每个团队成员制定清晰的目标、分工和流程，就可以实施有效沟通、协助和激励。

举个例子，在我们的“翘臀特训营”项目中，我们需要从营销团队、助教团队、服务团队、学员团队这四个维度做好管理。

首先，营销团队要梳理清楚这个产品，然后做出初步的营销文案及后续营销方案，帮助整个团队将这个产品推向市场。

其次，助教团队主要负责前期的客户咨询，因为他们本身有扎实的专业基础，在学员咨询与课程相关的专业问题时，他们可以非常好地做出解答。与此同时，这些助教也会在营期提供服务，为学员解决训练过程中的疑问。通常前期咨询过程中建立了链接，后续课程中的服务就会更加顺畅。

最后，进入社群之后，整个服务团队和学员团队之间就会有更深度的交流，要让学员知道自己需要干什么、遇到问题可以找谁，以及遇到突发情况谁能够解决。服务团队会尽可能给学员创造更多展现自己的舞台，让他们彼此链接、相互扶持，既能获得收获，又能获得情感支持。

整个营期下来，对此，你会有深刻的体会：只有在最初关注成员的需求，才可以让项目有条不紊地推进，实现前期、中期和后期的流畅运行。

第二，凝聚成员力量

在知识付费领域，好的发展是“无领导小组”模式，就是基于团队的共同愿景、价值和目标，以及团队成员之间的信任、支持和合作，每个人都可以献出自己的一份力量。

比如，我们手头的项目有两三个核心群，针对不同的内容，我们会有很多的讨论和沟通，为的是大家朝着一个方向努力，做好项目落地工作。由于是线上的团队合作，培养团队的归属感和认同感非常重要，这样即使出现了意见不合，也能够善用沟通的方式及时解决。

同样地，学员管理也是如此，当你发现自己手里有几十个群的时候，你会发现光靠一个人是忙不过来的，因此团队成员之间要相互配合，每个群里要有我们的核心优秀成员，这样才能够很好地保证大家的整体氛围是积极向上、彼此鼓励的，也能够更好地集思广益，帮助我们不断研发新的产品和服务。

第三，激发成员创新

说实话，在操盘项目的过程中，我深刻地感受到实现优管理是可以直接产生经济价值的。

举个例子，原先接手健身项目操盘的时候，只有爆款课程，是没有特训营和一对一陪跑的，但是团队成员之间不断地互动、深挖学员需求，提升了整个团队的创造力。此时，每个人都成了“产品官”，提出了不少创意，无论是我们原先的线上成员，还是学员中培养的团队伙伴，基于开放性和多元性，大家都可以放心探索和大胆尝试，而 IP 团队给予的就是资源和支持，这也不断激发了整个团队的积极性和主动性。

一旦实现了优管理，你会发现在一个社群里他们竟然开始自运营。

形成自运营：珍惜每一个人对你的信任

这里说的自运营，指的是每一个斜杠女性运营他人的信任，使其成为自己的私域并且善用社群运营。

私域，是当下斜杠女性或是说 IP 们的共识，社群已成为众多企业实现有效转化的主阵地。事实上，现在的很多社群都存在一些普遍的现象。

比如，社群里没有运营，很多人进社群就是发广告，或者加入就开启消息免打扰，或是用户领完福利就退群，社群活动不仅没人互动，更没有人参加，社群也逐渐成为死群。

当你想要组建一个社群，就需要先了解一下，你成为一个斜杠女性的过程中需要建立什么样的社群。这里我们来具体谈谈你可能会建立的三大商业社群分类。

引流推广型社群

这类社群大家应该见得比较多，如麦当劳、肯德基这类领券群，社群内一天消息达 50 ～ 200 条不止，进群没有门槛，任何渠道引流来的人都会进入群里，然后发一些优惠券、拼团或是秒杀消息。比如我参与的 IP 项目就有自己的引流推广群，主要是团购各类实物产品，每天的群消息是非常多的，而新品上市的时候，社群尤其活跃。这类社群的特点是解决用户决策周期短、客单价低、适合用福利刺激进行直接转化的产品。

你作为斜杠女性，如果想要做一些以高频低价行业为主的产品，如快餐、生活零售等，你就可以考虑建立这类社群，但是要留意，这类社群的活跃度通常不高，真实的生命周期可能不超过 6 个月。

因此，自运营中，需要考虑通过多复购买家用户、优惠券活动或其他的激励机制形成专属的运营方案。

精细化运营型社群

这类社群适合高价格且频率较高的产品和服务，比如我们的特训营意向群及一些女性养生保健产品的预售群。这些决策周期相对较短，适合用大量且密集的内容“种草”，用福利、早鸟价等各种刺激完成转化，群里直接实现群发售。

这类社群活跃度较高，会有一些准入门槛，进群的通常都是潜在客户，我们会事先准备好目标用户感兴趣的主题，密集地抛出不同的话题，引导大家讨论交流，从而更好地挖掘需求，为后续转化做准备，前期的话题和内容设置可以有效地实现自运营。

客户服务型社群

这类社群就是我们的高客单价付费群，有课程服务、有陪跑服务，这里的学员都是付费进群的，社群中有社群运营日志，会采用精细化运营做好高交付，而这些学员在不断地获得超值体验之后，不仅会成为参与者进入运营圈，往往还会给我们介绍新学员。

很多知识付费社群都属于这种类型，这种社群运营过程中，需要提前培训运营人员，通过学习大量的行业专业知识与运营技术，最终才能更好地实现不需要 IP 过多投入的自运营状态。

当你了解社群的三大重要类型，你有想过开启一个社群吗？

以下是从 0 到 1 搭建社群的思路和方法，希望可以帮助你行动起来。

社群搭建主要有两个阶段：第一个阶段是前期准备，第二个阶段是后期运维。

首先分享社群搭建的前期准备，正如盖楼房要先有图纸一样，搭建社群前需要完成社群定位、社群组织架构、社群规则、基础输出内容及试错工作。

社群定位

搭建私域社群一定要围绕自己的目标需求，明确要搭建的社群类型，不同的社群定位决定了后期运营动作和侧重点。

唯有确定社群定位和目标，才能更好地输出核心价值和品牌优势，从而吸引和留住目标用户，这就是准入门槛。

举个例子，目前我手头有十几个引流社群，大都是 500 人群，在大家进入社群之后，我们都会先做一个信息登记，以便更好地了解进群的人。

与此同时，这些进群的伙伴都是做了一些最初的“进群动作”的，如转发海报、朋友圈分享或文章留言等。当你让对方先参与付出，他们才会珍惜进群的机会，我们始终需要服务好的是可以彼此陪伴且相互支持的人。

引流推广社群主要是以增加粉丝为目的，承接流量、沉淀泛粉，通过运营手段筛选精准用户，而精细化运营社群是以转化、复购为主要目的，根据用户的生命周期、标签属性等完成精细化运营；另外，客户服务群是以高交付为主要目的，在周期内引导用户完成指定动作，实现长期链接和拉新转化。

社群组织架构

社群运营是复杂而细致的工作，社群本身是为了增加信任度，最终实现转化、变现。

我留意观察过我们的众多私域社群，每个社群里的助教都是非常辛苦的，每天基本手机不离身，只要有用户提问就会在一定时间内回复，因为社群信息是有时效性的。

想要社群的氛围好，必须做好组织架构，分配好群主、群管理和核心用户的角色和职责，制定好群规和奖惩机制，维护好社群秩序。

- 群主：负责社群的整体运营，本身具备多种特长，善于抛出有趣有料的话题，提升群活跃度，在物色到不错的人才之后，完全可以让轮值群主做运维尝试。
- 群管理：在社群里，这样的管理人员一般会有 1 ～ 3 人，一方面是为了避免群主账号被封，导致社群无法维护；另一方面是管理人员可以适当参与社群运营，包括常见问题答疑、社群规则维护等工作，从而锻炼自己的能力。

◆ 核心用户：挖掘出活跃的社群成员，通过品牌影响和福利激励鼓励对方产出内容，带动其他社群成员活跃起来，这些核心用户在社群早期或转化阶段都非常重要。

◆ 其他成员：除上面的群成员之外，其他成员都是社群的组成部分，有些人会在社群里观望、潜水，有些人偶尔会发言，因此社群主要成员需要用多种方法去深入链接和挖掘其他成员的价值和需求点，带动他们活跃起来。

在开启一个社群之前，预先制定社群组织架构，有助于发挥每个人的能力，激发大家的能量。

因为这样的社群架构，我经手的社群到目前为止都处于活跃且氛围较好的状态。

社群规则

“无规矩不成方圆”，每个社群想要更好地持续下去，就需要在建立初期明确社群规则。通过社群规则不仅能让用户第一时间明确社群价值，还能规范社群成员的行为，提升社群管理效率。

一旦群里出现不和谐的声音，本着尊重和理解原则，核心伙伴可以进行有效沟通；如果对方不守规则，那就可以依照群规实施惩罚，这样也能够保护、尊重社群其他成员。

要注意的是，群规不要太多，如果内容比较多，可以形成可视化的图片进行公示，另外，群文档也是很不错的方式。

社群规则的核心目的就是让进群伙伴明白社群是干什么的（群定位）、言行规则（如不能打广告、禁止语言暴力、不得扰乱社群秩序等）及惩罚规则。

基础输出内容

社群建立完，要有基础的输出内容，包含欢迎语、自动回复及群公告等。

- 欢迎语：这是一个社群的加分项，主要帮助进群的伙伴明确进群目的，让社群成员明白进群可以获得什么、可以做什么；
- 自动回复：对于群内普适性的问题给出答案，可以是文案、图片及公众号文章形式，如关于社群打卡的问题，我们可以用爬楼文档来告知用户打卡规则、如何打卡等内容；
- 群公告：用于发布通知、宣布规章制度等，可以让社群里所有成员都看到，以便第一时间了解群内的最新活动和规章制度。

建立属于自己的社群后，接下来我们就要进入第二阶段，即后期的日常运营。

此时，你将从不同渠道引流过来的用户放在你的私域社群里，好的运营可以帮助你更好地触达他们，实现更多的链接和转化，并且形成口碑。

常规运营通常包括内容规划、社群激励、价值体系、产品转化、促销机制以及数据优化等内容。

内容规划

运营社群，考验的是内容规划。优质内容既是桥梁，也是保持社群活跃的最佳媒介。这里说的内容可以是文字，还可以是小程序、图片、视频及直播等不同类型的输出。按照内容的产出路径，又可以将内容规划分为四个步骤。

第一步：内容分类

根据运营目的的不同，可以将内容分为促活、转化及品牌宣传三大方向。

第二步：素材库建立

确定好内容分类之后，就要开始建立素材库，可以根据三大方向进行对应内容的整理，包括知识干货分享、图片分享等。

第三步：内容生产

建立好对应的素材库之后，就可以着手内容的生产了。我们的社群大都采用原创的方式，有时也会有一些相关文章或视频的转载或学员采访分享。

要注意的是，要基于用户需求和反馈输出优质内容和服务，提供有价值、有趣、有互动的内容和服务，增强用户的获得感和满意度。

任何一个人都渴望被认可、被看见、被倾听，要实现自运营，需要社群创始人把握全局、发掘优秀的人才、输出优质内容、发起有趣的活动，尽量满足社群成员的需求。

有趣有料的社群，谁不爱呢?!

当大家的情绪价值、个人需要得到了满足，他们的表达和状态会出乎你的意料，社群的活跃度和彼此的链接状态也都会非常好。

比如，有一次，我在女性社群发起了“吐槽大会”，社群成员可以尽情展现自己，没有批评、指责和谩骂，有的只是自己真实感受的表达，最后整个社群活跃了一整天，有吐槽自己的、有吐槽公婆的、有吐槽老公和吐槽孩子的。最终，通过情绪的看见，社群管理员引导大家把目光收回到自己本身，没想到经历了各种吐槽，社群成员彼此更亲密了，而且不少成员开始彼此建立链接，甚至实现了线下见面。这就是一个好的自运营社群触发的衍生价值，帮助大家建立起了社交系统，启迪思考，助力多维度成长！

第四步：内容优化

内容优化主要是对过往内容进行分析、优化，选取用户打开率最高、评论率最高、最喜欢互动的内容，提升输出频率；还要分析用户互动率较低、不喜欢的内容，了解其原因，从而减少此类内容输出的频率。

总而言之，社群内容一定要做深做细。

社群激励和价值体系

通过搭建社群激励和价值体系可以完成用户留存、活跃及转化的目标，常见的方法很多。这里简单介绍一下我在过往社群运维中用得比较多的几个方法。

群积分

虽然积分是虚拟的，但有助于增强社群成员在群里的行动力和归属感。不管是课程学习还是后期的优惠福利，都会在积分上体现出来。

产品激励

每一次新课程上架，或是推出健身产品、服务时，我们都会用秒杀、限定福利等来刺激社群成员参与互动、链接和成交。

物质激励

社群运维过程中，我非常珍惜每一个信任我的人，因此，我们的社群时常会有互动抽奖活动，包括赠送实物产品。

精神激励

我们的社群从不吝啬赞美，经常会对社群内的活跃用户公开进行表扬和肯定，建立成员归属感。

产品转化

好的商业社群一定会涉及产品输出，这时，怎么选择产品很重要。

- 选品：拿我们自己的社群来说，商品包括实物产品、课程及高客单价服务，有些产品并没有什么利润，就是为了流量、拉新，而产生利润的是长销“尖刀产品”。
- 整合：所谓整合营销，就是借助“节日＋特惠渠道”的专属组合，将各类产品重新组合搭配，引发用户冲动，完成转化付费动作。对于实物产品，有些人可能会去其他平台搜索比价，当你学会了整合营销，就能进行差异化销售，如“爆品＋滞销品”组合、99 元三件任选组合、“课程＋服务”组合等。

促销机制

采用秒杀、抽奖、满赠、发放限量优惠券等促销机制也可以完成用户转化，这种活动针对实物产品较多，而对于知识付费产品，我们会设置早鸟价、老学员价等阶梯价位。

此时，相信你已经对社群运维有了一定的了解，而以下方法可以让你的社群更成体系、更加专业。

固定时间发布消息

提前写好社群运营日志，设置固定时间发布社群消息，在社群里挖掘发布官，让他们在固定时间发布当天的学习内容。

比如，在我们的“翘臀训练营”就有超级发布官，她每晚都会固定在 8 点提醒大家完成当天的内容，大家对于这个设置的反馈也都很不错。

专栏式经营

还可以将社群内容做成一个个有趣的专栏，如早安分享、每天好物分享、答疑时间、干货分享等，然后将专栏匹配给有能力、有意愿的学员，给他们提供舞台为他人服务，既提升自己的工作技能，给整个社群带去多样化的内容及趣味性的氛围，也为社群运维团队做好前期培训。

有序接龙

为了更高效地完成社群里的一些统计，我们一般会采用群接龙的方式，设置好模板，社群成员配合完成即可。这样不仅可以减少运营压力，还可以推动更多的学员参加接龙，营造活跃的社群氛围。

多样活动

一个好的社群一定是经常举办各种活动的，包括开营典礼、闭营典礼、课程团购、特价产品秒杀等，从而让大家有更多维的获得感和参与感。

可复制的社群运营模式

从起初我一个人操盘社群到现在管理小团队进行有效的社群运营，核心在于挖掘人才。作为操盘手，要主动链接群内活跃用户，经过筛选、培训等完成可复制的社群运营。

试想一下，如果你可以构建社群运营官团队体系，那么，即使你手里有两三百个社群，也能够轻松运维。

通过以上梳理，相信你已经学会珍惜每一个对你付出信任的人，给他们舞台，让他们基于某个价值观或规则，在社群里自发进行有效的互动和沟通，帮助社群发起人与目标用户建立更紧密的联系，提高用户忠诚度和转化率，形成有效的自运营。这种方式可以帮你释放时间和精力，后续可以产生不可估量的价值。

当你学会了自我营销，并在各个维度获得了成长，你的斜杠事业就向前迈出了一大步。无论现在你是全职妈妈还是职场妈妈，你的生活一定会因为你的不断成长而发生巨大的变化。

任何时候，你都要善用自己作为女性的优势，成为卓越的自我成长操盘手，因为这样的你更容易获得家庭和事业的双丰收。与此同时，你个人的思维、眼界和能力也将得到综合的提升和不断的成长。

当你变得越来越好，你会发现你身边的一切也将变得越来越好。

当你学会自我管理，就能够保护好你的身体、情绪和思维，而这些是你在探索斜杠女性之路过程中必须完成的事情。只有这样才能让你的生活井井有条，你才能有更多精力去做有价值、有意义的事情。

第 5 章

善用女性优势：

成为卓越的自我成长操盘手

自我管理：让一个人活成一支团队

在不断探索斜杠人生的过程中，学会自我管理，一个人将会活成一支团队。你会积极主动去完成各项任务，主动扩大自己的影响圈，要事第一，能区分任务的轻重缓急；你会以终为始，以目标为导向，并且能很好地进行闭环梳理，使你的“成功套路”很好地以可视化复盘的形式呈现。

我曾经陷入自我管理的盲区，在非常忙碌之时，却意外地伏在门口，情绪不好、精力跟不上，甚至频繁生病，直接导致了我的既定项目交付出现问题。

我意识到在不断平衡家庭和事业的过程中，自我管理是核心部分，在认真做事、经营家庭的同时，要特别注意调整好自己的状态，让自己的内心和头脑都及时得到滋养。

一个人若是不能自我管理，生活质量将大打折扣，也会影响个人的成长和发展。

自我管理，就是管理人生，让你既能高效做事，也能松弛做人，这是斜杠女性自洽的活法，能够将斜杠事业持续下去。

那么，自我管理包括哪些部分呢?

管理你的体能

曾经有一个做培训的斜杠女性和我分享她的经历，她是头部培训机构的金牌讲师，他们在全国各地开设课程，常年加班。每次项目完成回到家，都已经是凌晨了，她只好简单吃个外卖，刷刷视频，就在沙发上睡着了。

未婚未育的她，觉得自己的时间很自由，除了培训师身份，她还经营一家民宿。

起初她非常喜欢全国各地飞来飞去的日子，民宿也做得不错，但是几年下来，钱赚得不少，身体上的小毛病却不断，每次到了流感高发季节，她必定会被感染。用她自己的话说，现在身体状态大不如前，脑子反应也慢了不是一个节拍，工作也是频频出错。

后来在几次重要的培训中，由于她的状态不好，合作方的反馈也让她感受到了危机——“体能不够，是撑不起高强度工作的”。

你的周围是不是有很多人也是如此，她们在工作中总是一副疲惫不堪的样子，偶尔加班几次，连着好几天都缓不过来。

事实上，作为斜杠女性，当你的身体跟不上当下的快节奏，你的生活就会失衡，状态也会变得糟糕。

你以为挣钱、拼事业就是拼资源、拼人脉，到最后你会明白，长久的发展和成长拼的是体力与精力，靠的是你的体能!

正如扎克伯格所说:“只有保持身体健康，才能让自己拥有更多能量，才能有精力去做更多有意义的事。”

日常养成三大习惯，可以帮助你保持充沛的体能。

第一个习惯：30 秒腹式深呼吸

深呼吸靠的就是肌肉运动，是最便捷的运动之一，可以缓解疲劳，激发细胞活力。

当你在工作中感到疲劳，可以及时做一组深呼吸，吸气时肚子鼓起来，呼气时肚子瘪进去，一呼一吸保持 30 秒左右。随着身体的律动，你的状态会好起来，体能也会得到恢复，从而又能重新投入工作中。

第二个习惯：30 分钟舒适慢跑

俗话说：“生命在于运动。”作为斜杠女性，你大概率是要和电脑打交道的，而久坐会让人疲惫，长期的伏案工作也会让人出现乏力的状态。

穿上你的运动鞋和合适的衣服，用你最喜欢的速度，开启你的半小时慢跑吧！

挥汗如雨后，你的疲倦将会一扫而空，身体将充满力量。

第三个习惯：8 小时规律睡眠

相信很多人都有过这样的经历：通宵熬夜后，第二天睡了整整一天，但是依旧觉得昏昏沉沉。

要保持好的精神状态，不仅在于睡眠时长，更在于睡眠质量，需要保持作息规律。

人体最佳的睡眠时间，应当在夜晚 10 点至早晨 6 点，睡足 8 小时，这样，人自然会身心舒畅。睡眠时间过长、过短，或者不在这个时间段，都会使身体疲惫。

好好睡觉，是很简单的一件小事，却影响着你的整体身心状态。

管理你的情绪

心理学上有一个词语叫作“情绪耗竭”，简单地说，就是当一个人的情绪资源被过度消耗就会疲乏不堪、精力丧失。

事实上，作为斜杠女性，当你被愤怒、沮丧、生气等负面情绪缠身且不去积极处理时，你的精力和好状态将迅速枯竭。在实际的生活和事业中，不能管理好自己的情绪，再好的心力都会被侵蚀，使人心碎神伤，变得颓废。

我认识的一个做博主的斜杠妈妈，在自己做直播之后，遭到了不少恶评，她说那时候自己都快抑郁了，突然觉得自己的选择“失去意义”。人生海海，谁也免不了被浪花拍打，总会遇到不如意的人和事。管理好情绪，可以帮助我们应对生活的波澜，让我们合理看待自己。

加快情绪转化

作家奥里森·马登在《一生的资本》中写道：“任何时候，都不应该使一切行动受制于自己的情绪，而应该反过来控制情绪。”

是的，情绪并不是一成不变的，而是可以觉察、控制并且合理转化的。

比如上面说的博主妈妈，遇到恶评时，可以觉察自己的当下状态，及时停止精神内耗，出去吃顿美食、散散步，做自己喜欢的事情；

比如，你还是很生气，那就梳理自己的优缺点，正视他人的言语，有则改之，无则加勉。

只要快速转化情绪，就能减少自身能量的消耗，保护好你的精力和状态。

扩充情绪容量

有些人，遇到一点小事情，情绪就会大起大落，内心掀起万丈波澜；

有些人，遇到生命重创，还能够保持克制、宠辱不惊。

差异就在于人的情绪容量大小不同，这是心理学家吉姆·洛尔提出的概念。

当你不断成长且刻意提升自己的情绪扩充量，那么你会正视自己的坏情绪，允许一切发生，当你强大了，负能量就小了。

提升情绪弹性

情绪弹性，是知名企业顾问刘润曾经提及的，主要讲的是一个人的情绪韧性。

情绪弹性差的人，如同光鲜亮丽的花瓶，一摔就碎；情绪弹性好的人，好比橡胶球，摔在地上也能触底反弹。

当你有意识地提升情绪弹性，即使悲伤，大哭一场后依旧笑容灿烂；即使愤怒，冲天大吼后依旧心情舒畅。

情绪有张有弛，就能够在成为斜杠女性的道路上走得更稳、更远。

管理你的思维

每个人都有不同的出身、成长背景，所以也就有了不同的思维，铸就了不同的人生。

成为一个斜杠女性，需要让自己活成一支团队，这个过程中，不断更新你个人的思维模式是非常重要的。

罗振宇曾经说过：“思维无法聚焦的人，往往不会有什么成就。”

人们善于做计划，但计划只是手段，好比你开车的路线可能会改变，但是目标却一直是目的地，无论如何都要到达。

你想要成为什么样的人，就去训练那样的思维，聚焦、专注于你的目标，将你的精力、时间都用于实现目标，使之变成可视化的生产力。

如何提升成为斜杠女性的思维呢？需要提高成长和做事效率，以下的方法分享给你。

设立目标任务

什么都想做，往往什么都做不好，现代人的专注力平均时长只有短短8秒。

善用“四象限法则”，可以先分析你自己手里的事件，然后按照顺序设置你的目标任务，不论何时，最重要的事情只有一件，那就是你需要专注的事情。

有了具体可视化目标，才能心无旁骛，用最少的精力实现最大的收益。

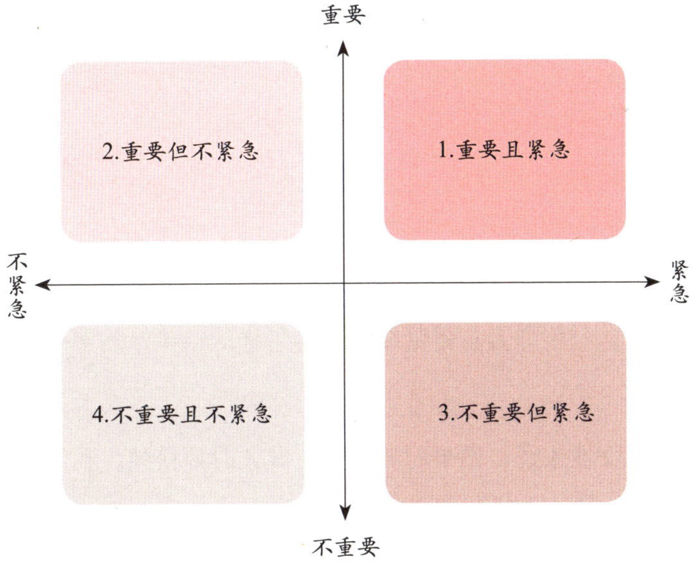

屏蔽信息干扰

当今时代，处处都有干扰信息，稍不留意，注意力就会被转移。

如何在专注的时候屏蔽信息干扰，保护好自己的思维呢？

“番茄工作法”是很有效的方式，操作也很简单，就是在一个连续的25分钟内专心只做手头的事情，随后进行5～10分钟短暂的休息，用于处理手机信息、喝水、上厕所等。

通过这种方法，主动屏蔽外界干扰，你的思绪才不会被打乱。

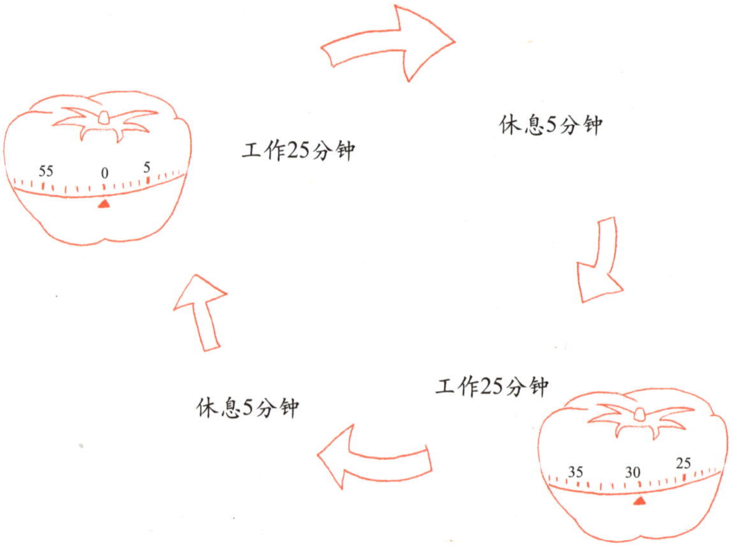

构建松弛空间

想象一下，一根弹簧总是紧绷，会有怎样的结果？答案一定是弹簧失去弹力。

对于斜杠女性来说，做事时要高效，做人时要松弛。我们可以通过以下方法为自己构建一个松弛的空间：

◆ 去户外花园里走一走，呼吸一下周围新鲜的空气，慢慢放松自己的状态；

◆ 开启轻音乐，想想自己漫步在春意盎然的森林中，感受着鸟语花香；

……

乔布斯曾经说过：“生活中有件重要的事情，就是管理好自己。”当你学会自我管理，就能够保护好你的身体、情绪和思维，而这些是你在探索斜杠女性之路过程中必须完成的事情。只有这样才能让你的生活井井有条，你才能有更多精力去做有价值、有意义的事情。

夫妻恩爱：成就家庭幸福的稳固基石

做好了自我管理，就可以有更充沛的精力投入到自己的事业中，但是在整个过程中，要有意识地去刻意拨出时间，和配偶建立良好的关系，这会让你在家庭端得到强大的支持。

在我探索斜杠女性之路的过程中，我的婚姻也遇到过危机。

都市生活节奏非常快，探索斜杠事业时非常忙碌，而我自己的个人成长速度也让我应接不暇。在这个过程中，不知不觉间我们的夫妻关系紧张起来，慢慢地，婚姻关系变得索然无味甚至危机四伏。一旦双方缺乏相处的时间和互相的关心，婚姻关系极可能在毫无意识的情况下逐渐衰落甚至死亡。

我和先生结婚的时候，我 22 岁，他 24 岁，我的父亲曾经担心我们的婚姻熬不过三年，因为我们都太年轻，而且有着各自的骄傲、固执和执着。我们三年生养两个孩子，我的生活进入了快车道，恋爱的时候我曾期待爱情是轰轰烈烈的，而婚后的生活却和期待的不一样。

伴随着自己越来越“忙碌”，我的浪漫幻想被平淡的生活打破了，我很失望，感觉自己被骗了，甚至因为在家办公实现经济独立了，我更是用完美的爱情来衡量我的丈夫，觉得邓先生这也不好、那也不行，总感觉在很多方面，他都不符合我内心的标准。

有段时间，我手里的项目很多，月营收达10万元，但是我和丈夫的关系却变得非常紧张，我们之间好像只有责任，少了温情。

我心想“我那么努力，你怎么不学会对我更好？”因为失望，我对丈夫渐渐冷淡，不能从心底里去尊重他，甚至还有点痛恨他……

可是，我还是咬着牙坚守对婚姻的承诺。那时候，孩子们频繁生病，父母那边也有很多意外情况，生活陷入一团糟，这一切剪不断理还乱的事情，都在影响着我的斜杠事业。

我反问自己，有钱真的可以解决一切问题吗？毕竟那时候的我，收入已是刚毕业时的好几倍，但是我和丈夫已经没有最初的快乐了。

因为我和丈夫关系紧张，我们整个家庭氛围也出现了变化，我不快乐，丈夫不快乐，孩子们也不快乐。

我开始静下心来思考，我清楚地意识到，我必须花时间去经营夫妻关系，因为只有我们夫妻恩爱，才能成就家庭幸福，才能够让我的事业稳步向前。

“婚姻中，你与其改变对方，不如先改变自己，再去接纳对方”，这是一位经营婚姻30年的老师对我说的话，可是对我来说，这真的非常难。

于是，我放慢自己打拼事业的节奏，去思考我最初设定的人生目标：

赚钱并不是我核心的方向，我所有努力的源头是希望自己家庭幸福，自己也更快乐，现在为了事业，夫妻关系不好，孩子们不快乐，我自己也黯然神伤，这些不都是本末倒置吗？

想清楚这点，我便下定决心去改变自己，我也意识到我要学会爱自己，看清自己的价值，这样才能从心底里去珍惜自己，才能够学会和丈夫深度连接。

通过对心理学的不断深入学习，我觉察到在我的原生家庭中，自己的需要一直被忽略，因此我潜意识里会牺牲自我去成全别人，导致我对自己比较苛刻。我有完美主义倾向，内心有一个声音“你必须不断努力，才能有人爱你”，所以我非常拼。

这种无意识下，我在婚姻关系中对丈夫也很苛刻，我甚至希望他用完美的爱来尊重我、珍惜我，一旦没有，我就变得冷淡，渐渐生出恨来。

当我觉察到这个情况，我开始剖析自己的真实价值，梳理我的优缺点，进而正确认识自己，学着不再挑剔自己，而是发掘自己的女性优势，一点点在和丈夫的相处中尝试变得温和、耐心一些。

11 周年的结婚纪念日到来之际，我早就脱去了之前咄咄逼人的模样，而先生也更加爱我。现在对于先生，我内心有的是无尽的感恩，感谢他这些年对我的包容和扶持，让我可以按照自己的意愿去生活。他真的有非常多美好的特质：他不是一个花言巧语的人，而是一个不会表达的行动派；他说得很少，但是一直做得很多；他很愿意听我说话，在我情绪低落、压力很大的时候，只要我告诉他，他都会认真倾听，也会试图帮助我缓解情绪。时间证明那些我看不惯他的地方，其实是他的宝贵特质，如耐心、温和，在他身上是非常明显的。我还要感谢他对婚姻的忠贞和付出的努力，为了我和孩子，他付出了很多时间和精力，没有任何不良嗜好，非常顾家，下班总是第一时间往家赶，为家庭做出许多牺牲……

现在回顾复盘才意识到，如果不是我努力践行婚姻之道，刻意经营夫妻关系，我和丈夫不可能像现在这么恩爱，我也可能已经亲手毁掉了家庭的幸福。

因为践行了婚姻幸福的秘诀，现在的结果才如此美满。在这里，我将这个幸福秘诀分享给你，希望你在成为斜杠女性的同时，拥有幸福的婚姻，打牢家庭幸福的基石。

彼此尊重，表达爱意

刚开始是丈夫养家，甚至为了我们更好地生活而进行创业，他付出了很多；而我为了更好地支持他，重心放在养育儿女、做好家务上，与此同时，在有时间的情况下便去探索自己的斜杠事业。

本以为我们一起努力可以让生活变得更好，但是丈夫忙于创业，而我包揽了家庭中的一切，丈夫慢慢地觉得这一切都是理所应当的。

另外，当丈夫为了家庭稳定做出调整，结束创业成为外企职员后，我开始质疑他的能力和理想，尤其是我的斜杠事业收入倍增的时候，我有点“小瞧”他。

我们的一些所作所为有意无意地伤害了对方的自尊心，彼此之间爱与尊重的缺失导致我们的婚姻出现了问题。

对于当代女性来说，在能力大幅度提升，尤其成为不断平衡家庭事业的斜杠女性之后，“尊重丈夫”应该成为必修课。你会因为自己带得了孩子、赚得了钱，甚至还在不断地自我成长而轻视你的丈夫吗？

夫妻间互不尊重、缺乏爱意，就很容易在说话时挖苦、讽刺对方，这样会失去对方的信任。而当有一方先做出让步，并且坦诚沟通而不是逃避问题，双方便可以一起努力找到可以接受的方法。

比如，我刚开始探索斜杠事业的时候非常忙，需要丈夫的帮助，那时候我因为睡眠不足、疲惫不堪，经常埋怨丈夫不够体贴、帮助太少，后来我学会对事不对人，尽量控制自己的情绪，平静地表达我的需求，并且及时称赞和感谢他所给予的帮助，先生就更能体会到我的尊重和爱慕了，我们的关系也更好了。

事实上，当我打心底里尊重丈夫，学着无条件地尊重他的时候，他也更愿意无条件地宠爱我和珍惜我。

建立双方的爱情账户

心理学家威拉德·哈利将人心比作银行，伴侣之间爱的举动就好像是往爱情银行里存款，而彼此的争吵和批判指责就好像是从账户中取款。

夫妻之间需要刻意做一些事情，往爱情账户里多多存款，这样就算发生冲突、遇到矛盾，也容易彼此宽恕、解决争端，但此时账户如果是赤字甚至亏空的，就算是鸡毛蒜皮的小事，也会引发夫妻大战。

同一个屋檐下生活，双方的感情并不会自然而然地变得亲密。想要亲密关系，需要两个人在相处中刻意培养亲密感，坦诚分享内心最深处的需求和感受，最终让夫妻身心合一。

每天沟通、定期约会和一起做事的习惯，可以帮助我们更亲密。

每天沟通：我们在联系人栏都将对方置顶，有任何事情都互通有无、及时沟通避免误会，睡前半小时是我们的分享时刻，我们会互相分享当天工作情况、家务事、个人感受等，帮助我们加深了对彼此的了解，形成了良性互动。

定期约会：有了孩子之后，我们的关注点不再是对方，所有的节日都被忽略，后来我们经过沟通，商定要重视我们的结婚纪念日，因为对于夫妻来说，这是非常重要的一天，没有婚姻就不会有孩子，更没有我们后来一起努力营造的幸福之家。

每周抽出时间单独约会：将孩子送到父母家或朋友家，这样我们约会的时候就只是对方，谈话的内容也是彼此，不涉及孩子。约会时间完全属于对方，给足对方充分的爱和关注，这样帮助我们成为对方最好的朋友。

一起做事

起初，我们各自为家庭做了很多，但是这些责任下的行动并不能巩固夫妻关系，夫妻需要共同做事才能更亲密无间。

比如，每次丈夫回家，都会和我一起做晚饭；

比如，周末一起骑自行车、画画、看书，然后彼此交流心得体会；

比如，我们单独旅行，甚至单独出去看电影、去游乐场玩。

当夫妻关系足够亲密、彼此滋养，才能更有状态和耐心去完成好父母的角色，工作中才会有好状态。

《男人来自火星，女人来自金星》这本书让我看到了两性差异，也让我明白有效的沟通在夫妻关系中至关重要。我努力学着从情感、需求、期待等方面去和丈夫进行更深层次的交流，将自己最真实的一面与其分享，用心倾听对方的意愿而不是只想要快速解决问题。

坚守婚姻的界限

在我们的文化中，就算是小夫妻结婚了，双方原生家庭的父母还是会插手你的家庭。另外，在很多家庭中，孩子会成为一个家庭的中心。

原生家庭中的父母、亲人，抑或新家庭的孩子，都会让夫妻关系排序置后，这样很容易为婚姻关系埋下祸患。

如果丈夫过分顾及父母而忽略了妻子的感受，妻子可能会把所有的精力和感情都放在孩子身上，导致婆媳关系不可调和；

如果将孩子放在家庭的中心，夫妻关系就会有危机，因为孩子总能想办法钻空子，甚至在夫妻管教孩子意见不一致的时候，孩子就会察言观色、引发矛盾，导致夫妻关系发生问题，孩子也将因此背负沉重的代价。

要避免这种情况，夫妻必须共同坚守婚姻的界限，甚至必要时拒绝双方父母的一些要求。

比如，在我们两个孩子出生后的一段时间，公婆与我们同住，那时候丈夫就很难平衡好各种家庭关系。另外，我妈妈也会给我的家庭很多建议，导致丈夫也有压力。

比如，我那时候非常在意孩子的需求，却忽略了丈夫的需要，导致孩子们也不好管教。

当我们意识到，夫妻关系才是家庭的核心，应该放在第一位，我们就开始有意识地慢慢改变。

孝敬父母是儿女的本分，但不能因为孝顺而失去对配偶的尊重；养育儿女是父母的职责，但不能因为爱孩子而让夫妻关系陷入紧张。这一切都需要夫妻共同努力，我们为了配偶拒绝父母的一些要求，并不表示我们不爱父母，而是为了更好地让两代人的关系回到良性的、清晰的轨道上，因为核心小家庭＞原生大家庭。

与此同时，在管教孩子方面，夫妻俩要意见一致，这样孩子才能更守规则，也更好教养。

夫妻俩必须维护自己的婚姻，做到上一代不要越界、下一代不要越权，这样每一代都能背负起自己的担子。

保持个人吸引力

即使当了妈妈，有了自己的斜杠事业，并发展得特别好，尊重丈夫、表达爱意也是非常重要的。内外修炼，保持个人吸引力，这是对自己的尊重，也是对丈夫的尊重，因为好的妻子是丈夫的终身伴侣。

同样地，丈夫也要学会用妻子喜欢的、正确的方式爱她，因为家庭不是职场，而是温暖的港湾，是彼此增加力量、表达温情的安乐窝。

此外，尽早训练孩子单独睡觉，分床、分房是不同阶段必须完成的事情，这样做既有利于孩子睡眠，又不会妨碍夫妻生活。

在良性的婚姻中，夫妻之间的身体交流和心灵交流都是必不可少的，有爱有性是美好、和谐婚姻的引擎，可以让夫妻之爱长久稳固。

终有一天，父母会老去，孩子会离开，而陪伴你的只有配偶。无论你是全职妈妈，还是职场精英，抑或斜杠女性，都不要忘记好好打扮自己，向配偶表达爱意，安排浪漫的二人世界……

你的努力也许不会立竿见影，但是当你持之以恒，你会发现夫妻关系变得更亲密。

做你能做的事情，先付出努力，因为夫妻恩爱会让你能量满满，充满吸引力。

因此，当我刻意留出时间和空间给丈夫，去建立和丈夫的亲密关系，我在斜杠事业上就能持续发展，我们的爱也历久弥新。

事业有成，却输了婚姻，那也是不幸的，因为父母是孩子的原生家庭。我们作为女性，善用自己的感性力量，和丈夫一起全力以赴，这样就能更好地维护婚姻的果实。

如果将家庭比作一棵粗壮的大树，婚姻关系就相当于根基，唯有根基牢固，大树才能枝繁叶茂。

亲子关系：爱和原则让家庭井然有序

很多夫妻都很努力，他们忙着打拼事业，却忽视了亲子关系，这是非常遗憾的一件事。

在成为斜杠女性的道路上，我遇到过很多妈妈，她们的事业做得很好，但亲子关系却是一塌糊涂。她们甚至开玩笑说："搬砖不能陪孩子，陪孩子却不能搬砖，无论怎么做，都有遗憾！"

真的只能这样吗?

这些年，我在成为斜杠女性的道路上，切实感受到孩子并不需要父母时刻在他的身旁，只是需要爱和原则让他们既有安全感又能得到训练。

作为妈妈，你不是孩子的保姆，而是孩子的教练，在养育孩子的过程中言传身教，应该谦卑地和孩子一起学习、共同成长、共同进步，让他们得到该有的教导和训练。

另外，作为妈妈，要善于管教，帮助孩子塑造好的人品，当然这对于很多女性来说可能并不容易。现实中，不少家长自己就是在高压力、低肯定的学习环境中长大的，因此在教育孩子的时候很容易走向另一个极端，完全放任孩子，让孩子完全拥有自由和决定权，甚至发现了孩子的问题和错误也不进行纠正，导致孩子成了蛮不讲理的“熊孩子”。这种孩子很容易成为“窝里横”，成年后也不容易和他人顺畅交流和沟通，更别提营造健康的家庭关系和人际交往了。

作为妈妈，爱孩子是好的，给予孩子快乐和自由也是重要的，但是正确的原则和对于孩子的管教、训练同样意义重大。

很多家长总是想方设法保护自己的孩子，甚至不希望让他受一点委屈、挫折，但在日常的养育过程中，由于缺乏耐心，很容易被孩子激怒而发火，事后也会非常内疚，甚至向孩子认错。这样是不对的，因为从头到尾，你都没有帮助孩子真正意识到自己的错误并且帮助他们纠正。

在这种氛围中长大的孩子，往往缺乏安全感，因为父母喜怒无常，使得他们早早学会察言观色。

我们身边有许多这样的例子，无论在学校遇到什么问题，家长总是第一时间把责任推到别人身上，甚至和老师闹矛盾。

当亲子关系混乱，父母很容易找不准自己和孩子的位置。

如果对孩子溺爱、缺乏原则，孩子就会自以为是，长大后就会缺乏辨识力；

如果对孩子控制过严、接纳不足，不懂得表达爱，孩子往往会缺乏自信，或是太叛逆，长大后可能无法很好地与他人相处。

好的教育是基于爱，在接纳、欣赏、关爱和长时间的高质量陪伴中有原则地进行管教，重视孩子的品格塑造，同时培养孩子的健全思想，以及为别人服务的意识。

我非常喜欢古代的一句箴言“要管教儿女，让他们行走正道，到老也不偏离”，管教中的“管”就是纠正孩子的错误，而教就是教会且训练孩子正确的心态、言语、行为与习惯。

管教的目的不是让孩子害怕、羞愧或自卑的严苛惩罚，而是训练孩子形成良好的品质与习惯，让他们有能力自我管理，帮助他们走向成熟，成为一个具有独立人格、健全思想的人。

管教必须以亲密的亲子关系为前提，在这种亲密关系下，孩子能感受到父母的爱和接纳，没有爱的管教只会导致孩子叛逆。我们要的是赢得孩子的心，以爱为前提的管教可以带给孩子安全感，因为他们确切明白只要不违反原则、不越界，自己就是自由的，也明白纪律和规则是为了保护自己。这样教出的孩子更乐意服从，也更有正义感。

管教是事先约定好原则及违反原则要承担的后果，如果孩子违反了就要按照约定进行处理。所有的父母都希望孩子一生幸福成功，殊不知，他的幸福是幼年形成的好习惯、好品格奠定的，而这些都源于父母的管教。

如何管教儿女，建立良性的亲子关系呢？

作为斜杠女性，你需要明白管教是一个漫长的过程，可以尝试从以下几方面着手。

制定家规

制定家规要留意三大维度，这样才能有效果。

第一，家规是一些大原则，以培养品格为目标，教会孩子做人的根本，不同于培养习惯的日常生活规则；

第二，家规是父母和孩子共同认可，经过家庭会议沟通知晓的；

第三，家规要写下来，形成文字，让全家人可以看见。

制定家规后要根据实际情况制定生活习惯方面的细则，比如，9 点前主动回房间睡觉，先做作业再开始娱乐，饭前一小时不能吃零食，等等。

家规是为了帮助孩子进步，而正面奖赏可以促进这些习惯目标的养成。

奖赏

我和老公都有自己的工作，在和孩子们相处的过程中，我们都非常重视高质量的陪伴，但在物质上，我们并不会一味满足他们。当他们看中一件物品，我会鼓励孩子们用图文表达出来，再帮助他们做一个盒子，放进梦想实现箱里，引导他们付出努力去实现这个小愿望。这样既能帮助孩子学会延迟满足，也能帮助他们越来越独立，能够为自己负责。

我们也会让孩子使用番茄钟，在规定时间内完成某一事项，他们都会获得一个星星奖励，而这个星星奖励可以用来兑换他们的微梦想，如给爸爸化妆、和妈妈做手工、一家人看主题电影等，这样他们会有意识地去提升做事效率，因为有他们喜欢的奖赏，这样我也少了很多唠叨和争吵。

随着孩子慢慢长大，父母的称赞和精神激励逐步取代了实物奖励，到最后良好的品格本身就是对孩子的奖励，而他们在生活中获得他人的赞赏也会给他们正向的鼓励。

承担后果

如果孩子破坏了事先约定的规则，他必须承担相应后果，哪怕他觉得这个后果是“痛苦”的。

比如，孩子不愿意吃饭，那么到下一顿饭之前都不能吃零食，到下一顿吃饭时才能吃东西。

承担后果的时候，不少孩子会发脾气甚至大哭大闹，挑战父母的忍耐力和底线。这时，父母不能妥协，因为这是事先约定好的，父母要帮助孩子学习承担后果，而不是让他认为只要自己哭闹就能够达到目的。

了解孩子的特质和情况，这样制定的痛点才是因人而异、有针对性的。

比如，对于我家哥哥来说，惩罚他不能出去玩是非常痛苦的，而对于我家妹妹来说，让她出去跑步是非常痛苦的。

对孩子进行了管教后，要给孩子留出一段情感修补时间，可以在睡前和孩子复盘，用亲吻和拥抱去结束谈话，让孩子明白惩罚只是手段，不是目的，父母永远爱他。另外，还有一个特别好的方法就是训练孩子做家务，这对于孩子的品格培养影响深远。

这十年的斜杠女性成长过程，我都是自己养育儿女，我们家没有请过保姆，老人也在其他城市，家里所有的家务都是家庭成员共同承担的，因为我希望每个人都可以负起自己的责任，明白家务不是妈妈一个人的事情。

做家务是培养孩子对家庭负责的很重要的方式和机会。无论孩子的智力如何，能力怎么样，没有人天生就懂得负责，这需要培养。

我的孩子两岁就开始进厨房帮忙，学习择菜、洗碗这些家务，现在他们在家务上已经很熟练了。

与此同时，诚实守信也很重要，一个人不能坚守承诺，就不能承担自己的责任，在这方面没有什么比安排家务更能培养孩子的品格了。成功地完成家务，不需要很高的智商或是能力，只要守信用和负责任就可以做好。

我家每周都有大扫除的时间，孩子们要一起参与，日常每个人都有自己的管理区和家务分工，全家人共同服务，家人关系也更加亲密。

最后，我想说，作为斜杠女性，学会得体地退出，也是必修课。

对一个深爱孩子甚至不惜一切保护孩子的母亲而言，放手也许是最大的挑战，哪怕孩子已经成年。

事实上，放手是一个循序渐进的过程，从孩子出生开始，我们就要学习放手，等到孩子离开家，甚至他组建了家庭，也依旧要学会放手。

刚开始，也许放手令人难受甚至焦虑，这要求我们在孩子成长的过程中不断学习和自我实践，努力成为他们的朋友。

这些年，我花了很多时间和孩子们在一起，培训他们，和他们成为朋友，他们也非常信任我，遇到任何事情都愿意和我分享。

每个人都渴望被人爱，但爱需要出于自愿而非强迫，这才是最真挚的。想要获得真挚的爱，获得孩子的尊重是关键，妈妈要懂得适时放手，给孩子自由。当你不在孩子身边的时候，他们所表现出来的才是他们内在的品质。

在孩子的每个成长阶段，你都要不断提醒自己学会放手，克制自己的担忧。当你提前给孩子适当的培训，未来他们将更容易青出于蓝而胜于蓝，有足够的成长空间成为自己。

每次学会放手，孩子们都会给我惊喜，无论事情本身是失败还是成功，孩子们都会学到一些东西，可能是更好地认知自己，也可能是增强自信。

只要没有放弃，就不会失败！我之所以能够成为一个快乐的斜杠女性，得益于良好的亲子关系，因为我没有太多的忧虑和牵绊，而是选择信任孩子！

放手不容易，但是值得，因为爱和原则可以让家庭井然有序，而你可以更好地成长和发展。

支持系统：培养正向高效的人际关系圈

斜杠女性在成长过程中，不可小觑支持系统的力量，可以从自己的核心家庭、大家庭、社会支持系统和外部环境四个维度来培养正向高效的人际关系圈。

当你不断地去打造这样的圈子的时候，你会发现自己能够得到滋养，你会更加动力满满地去完成自我发展和持续成长。

核心家庭就是你的新家庭，包括你的配偶和孩子；大家庭是指原生家庭及你配偶的原生家庭、血缘亲人等；社会支持系统是指你的闺密、朋友圈、导师等所有能够给你正向支持的群体；外部环境的范畴比较大，是指你在生活、工作中会遇到的人、事、物。

那么，在我们成为斜杠女性的过程中，如何培养我们的支持系统呢？可以从以下三大方向来培养正向高效的人际关系圈。

第一个方向：双赢思维，让更多人愿意和你产生链接

双赢思维的目的是更好地实现价值交换，无论是你的核心家庭、大家庭、社会支持系统还是外部环境，你都无法去要求别人怎么样，但是你可以先努力做好自己，极致利他，分享更多的机会。

当你和他人建立链接时，总是站在双赢的角度去思考，这种思维可以帮助你更好地与他人深入链接、解决需求，并且协助对方找到互利互惠的解决方案，最终形成资讯、能量、认可和多价值的交互。

当你有了双赢思维，就更容易获得他人的支持。

第二个方向：知己知彼，让你和他人的沟通变得更加顺畅

人都有骄傲的一面，你作为斜杠女性，想要得到他人的正向支持，就要舍弃自己“骄傲”的心态，因为如果你好为人师，就很难去理解他人，更谈不上体恤对方，那么交往一定不会顺畅。

当你善于倾听，并且乐意了解对方，倾听对方的需要，就能够促成真正的沟通。

无论世界如何变化，真实和坦诚永远是最宝贵的，双方能够互相尊重和认可，这样的相处模式会实现“1+1 ＞ 2”的效果，有助于彼此赋能、增进成长。

第三个方向：双向奔赴，让你的成长能量加倍

当你和他人建立链接的时候，任何的深入交流都是开放的、包容的，不是按照你的意思，也不是按照对方的意思，而是双向奔赴，可以结合双方的优点去迭代你们的共同价值观，让你们可以更好地实现能量补给。

一个人可以成为一支团队，个人的力量是团队综合力量的基础。

如果你的社交圈子里大家都是敌对关系，那么力量肯定会被消耗，做事的阻力也会很大；

如果你的社交圈子里大家虽不敌对，但是遇到冲突时互不妥协，也不合作，同样也会消耗很多力量；

唯有大家双向奔赴、优势互补，才能能量加倍。当你不断组建正向的社会支持系统，他们会托举你，让你的成长更正向、更高效。

多方共赢：每个人都可以成为你的成长助力员

斜杠女性要想从 0 到 1，重要的是向内打磨自己，而想要实现从 1 到 10，那就要多方共赢，学会用人之长。

作为斜杠女性，你获得的成果取决于你能够做成什么，所以你的关注点不在于克服自己的短处，而在于发挥自己的优势且发掘他人的长处。当你想要持续成长，那么关注对方的长处且着眼于发挥其所长，便可以让你得到多维成长。

格局越小的人越见不得别人好，格局越大的人越懂得相互帮助和成就他人，细心观察你会发现，那些有成就的 IP 和企业家，往往都是相互帮助和彼此成全的。

每个人都可以成为你的成长助力员，只要你善用多方共赢的有效策略，不仅关注自己的利益，也关注他人的利益，就能通过合作和创新，实现持续成长。

第一，建立斜杠女性圈子

如果你还没有找到自己热爱和擅长的事情，那么你需要花时间去认识自己，根据自己的兴趣和优势，结合合适的领域和角色，发挥自己的潜能和创造力。在这个过程中，组建自己的斜杠女性圈子是很好的方式。

假如一个人还没有取得成果，就很容易气馁。当你参加各种线上线下培训、主题沙龙等，你就容易结识一些志同道合的朋友，他们会帮助你不断以人为镜、寻找榜样力量去更好地完成个人的成长。

当然，这个抱团成长的时代，只有保持自我更新和进步，不断学习新知识、新技能、新思维，跟上时代的需求和变化，和一群斜杠女性一起，你才会在互助和鼓励中成长。

第二，学会抱团持续成长

当你想要组建家庭，需要找到合适的配偶，而你对配偶是有择偶标准的；当你想要跳槽求职，需要找到心仪的公司，而你对岗位是有薪资要求的。那么，你想要在斜杠女性圈子里抱团持续成长，便要明确自己的目标和愿景，唯有圈子追寻的方向和理想与你的未来发展一致，才能够激发你更大的动力和热情。

学习和创新是一个人持续成长的动力，在抱团成长的过程中要善于观察其他成员的价值和正向影响，保持好奇心和开放的心态，敢于尝试和自我突破，这样成长速度才会更快，效果也会更好。

第三，善用他人的优势特长

管理学大师彼得·德鲁克认为，有效的管理者应该知人善用、用其所长。作为斜杠女性，你也要学会做自己人生的CEO，去链接和善用他人的优势特长。

举个例子，当我刚开始做斜杠探索的时候，我在很多技能上都是一张白纸，在这个探索的过程中，先生是我善用的人，他有专业的互联网技术，并在最初的时候给了我很多帮助；后来，在网店运营过程中，无论是物流、供应商还是官方平台的对接人，我都会善用对方的优势，因为他们的帮助，我在网店经营上才能够不断进步且获得成功。

后来的知识付费和操盘项目，我更是感受到了善用他人优势特长的益处，不仅解放了我的时间，更能够让大家合力创造更大的价值。

这个世界上，任何人的生活都不可能是一座孤岛，与我们产生联系的每个人都是上天给我们的美好的礼物，因此要珍惜相遇的每一个人，有意识地管理自己的人际关系网络，他们能为你的成长助力。

“己欲立而立人，己欲达而达人。”当你想成为一名斜杠女性，应该将眼光放在更大的格局上，在相互尊重和携手合作的基础上追求共赢、持续成长。

你的人生主角是你自己，通过努力、坚持、持续行动且不断适应环境，会让你得到正向结果，而在一次次的自我突破中，你的生活终将从此不同。

第6章

立即行动：用成长力开启你的斜杠女性之路

这个时代正在奖赏不断成长的人

我很喜欢俞敏洪，不仅因为他是我的老乡、是农民的孩子，更是因为他的不断成长，急事慢做和静水流深。

作为新东方的创始人，在原有的教培业务全部归零之后，他本来可以就此退休，但是他并未就此止步，而是“破釜沉舟”逼着自己去转型，投身直播行业，成立了东方甄选。

他在自己的公众号写过这样一句话：“遇到困难和绝境，有的时候并不是一件坏事，当然前提是你依然拥有一定的资源，并且愿意放弃执念，去寻找陌生的全新道路。”

从 2021 年 12 月底东方甄选开始直播带货，到现在东方甄选爆火，可以说俞敏洪和他团队的耐心和才华，都已转化为可视的成果。

从俞敏洪的故事，我深刻意识到这个时代正在奖赏不断成长的人。

努力和坚持，让你与众不同

要成为斜杠女性，你的努力决定了你的高度，而坚持决定了你能走多远。

在现实世界里，很多人认为要想实现阶层跃进，一定要有一个优越的家庭出身，有好的资源和背景。事实上，当你足够努力和坚持，生活便会出现转机，这就是成长的馈赠。

罗马不是一日建成的，金字塔是靠一块块砖头堆积而成的，没有什么是一蹴而就的，成为斜杠女性也一样。

在之前的章节中，我已经梳理了个人成长的行动路径，这是我十年成长的心得和收获。作为一位全职妈妈，现在的我深刻感受到了成长力的重要性。

你虽然没有出生在罗马，但是只要你持续不断地成长，就有机会成为自己的罗马。

是金子总会发光，哪怕被深埋土里，也不能改变它是金子的本质。正如俞敏洪，正如每一个不断成长的人，你的坚持和努力会让你变得与众不同。

不要因为自己的出身而选择平庸，也不要因为身处绝境而陷入消沉，让我们凭借坚持不懈地努力去成长自己、改变未来。

正确的选择大于千万次的努力

前几年，全球疫情此起彼伏，世界经济增长缓慢，失业、降薪、负债累累、压力备至……前途何在？

我们改变不了大环境，但是我们可以选择成为斜杠女性，用成长力帮助自己寻找新的可能性。

有人住高楼，有人在深沟，有人光芒万丈，有人一身锈迹。

如果你是一个普通人，请选择投资自己的大脑。我们不仅要懂得努力，还要学会选择。

未来3年，你能否看清财富大周期，敢不敢借底部的力量进入互联网自媒体潮流，为你的翻身奋力一搏？

对于普通人来说，互联网时代给我们提供了新的机遇，从现在开始，努力成为一个斜杠女性，用你的核心技能成就光明的未来吧！

持续行动，直到你拿到正向结果

选择，让你的人生有新的可能，而持续行动，可以让你的成长力转化为可视化的成果。

这个世界有很多有才华的失败者，也有许多高学历的无业游民，他们不愿意改变，也不愿意成长。

你要记住，你的人生主角是你自己，通过努力、坚持、持续行动且不断适应环境，会让你得到正向结果，而在一次次的自我突破中，你的生活终将从此不同。

记住：

- 不是因为有了希望才坚持，而是因为坚持才有希望。
- 不是因为有了机会才争取，而是因为争取了才有机会。
- 不是因为会了才去做，而是因为做了才能会。
- 不是因为成长了才去承担，而是因为承担了才会成长。
- 不是因为拥有了才付出，而是因为付出了才拥有。

- 不是因为突破了才挑战，而是因为挑战了才有突破。
- 不是因为成功了才成长，而是因为成长了才能成功。
- 不是因为有了收获才去感恩，而是因为去感恩了才有收获。
- 不是因为有了钱才去学习，而是因为学习才有了钱。
- 不是你有了条件才能成功，而是你想成功才创造了条件。

这个时代正在奖赏不断成长的人，你准备好了吗？

每个女性都有可能成为斜杠人才

受疫情的影响，加上整体经济下行及互联网的发展，每个人都有各自的压力，不得不接受新的挑战。

我们不能改变外部大环境，但是可以不断成长，为自己的人生设置一个 B 计划，而成为斜杠人才是每个人都可以努力做到的。

成为斜杠女性，拥有至少一项可以满足需求且能够带来价值的相关技能，并有正确的价值观，不断追求自我成长，这是未来社会发展的必然趋势。

《纽约时报》专栏作家麦瑞克·阿尔伯撰写的《多重职业：让工作和生活获得双重成功的新模式》这本书中，提及了斜杠青年这个概念，经过这些年我实际的探索，我认为，每个人都可以成为斜杠人才。不妨尝试从以下几方面做出努力。

本职工作 + 兴趣爱好方向

很多人是有自己的本职工作的，比如，刚开始我是一个全职妈妈，而你可能是一个职场人士，我们都有自己的关注点，与此同时，我们也都有自己的兴趣爱好，想要在本职工作以外去探索自己想做的事情。

这种方式适合于本职工作可以支撑生活，而兴趣爱好还在初始阶段，还不能给你带来很大的变现结果。

专业技能 + 相关技能方向

这种方式基于你自己已经有一门非常专业的手艺或扎实的技能，与此同时，你还有其他技能，那么你可以直接开启斜杠事业的探索。

比如，我们之前共创团有一位妈妈，她从小到大都是学画画的，大学也学的是艺术专业，在绘画这件事上，她非常专业。当她了解到互联网的玩法，就直接开启了小红书的运营，目前粉丝有 30 多万，光是广告和定制单，每个月的收入就已经非常可观。

再比如，另一个喜欢读书的妈妈，她每天都会阅读，对于书籍有非常深入的自我思考。当直播兴起后，她摸索着开始做读书账号，通过卖书、写荐书稿等也过得很滋润。

核心资源 + 相关衍生方向

用我自己的例子来说，当时我为 IP 做助理的时候，帮她运营公众号和卖书，慢慢地建立了私域流量池。而在掌握了这个核心资源之后，我意识到该群体其实在不断成长，有不同的需求，因此我就有了后来的斜杠事业方向。

在这个过程中，IP 也有大格局，觉得我挖掘的新需求是她不擅长但是我擅长的，因此她一直鼓励我不断学习、成长，不断探索相关衍生方向。

同样地，如果你想要成为斜杠女性，需要认真梳理你现在所拥有的核心资源，再结合当下情况探索你的衍生方向。

一项工作 + 多项技能型方向

有些伙伴可能觉得自己的本职工作很不错，没有自己单干或探索其他的赚钱渠道的想法。

这样其实也可以成为斜杠人才，因为你可以不必有多项工作或多重身份，但是在工作中你有一项核心技能和多项相关技能，有非常全面和综合的能力。

比如在做操盘手的两年里，其实产品研发、前端销售、运营管理、交付售后等方面我都会涉及和尝试，所以这也是一项工作 + 多项技能的类型。

尝试与以上四个方向对号入座，找到适合你的方向，相信每个女性都有可能成为斜杠女性。

普通人，开启副业要有这样的财富观

普通人要开启斜杠探索，有一点特别重要，那就是你和财富的正向链接。

在成长过程中，我一直被教育要省钱、不要乱花钱，而且在贫穷的乡镇里，许多人有仇富心态——“他有钱是因为他剥削别人”“男人有钱就变坏，女人变坏就有钱”……这些都影响着我的财富观。

直到我离开家乡，到省会城市去上大学，正确的金钱启蒙才开始。

当时，我的大学辅导员帮助我明白了一个重要的道理：“钱是中性的，好人用钱可以成就很多事情，帮助很多人，而且赚钱是个人价值的体现，也是需要规划的。”他还帮助我找到了自己赚钱的动机和每个阶段自己需要的收入数目，以及在大学里赚到钱的渠道。

我认真思考自己赚钱的目的，在笔记本上写下：赚钱是为了让农村的父母可以轻松点，培养自己的独立能力。与此同时，我也梳理了自己每学期需要赚到多少钱才够应付我的学费和生活费开支。

基于这个目标，辅导员引导我作为一名学生，可以有哪些挣钱的途径。最终在大一开始，我就找到了两个稳定的收入来源，一个是学校各类奖学金，另一个是校内外各类勤工俭学、社会实践。

刚开始，我的目标很明确，就是在读书之余通过社会实践养活自己、开阔眼界。

我的辅导员是南京本地人，他家境很好，而我在学校里有一份兼职工作，就是辅导员助理，因此有很多机会参与到学校各类活动的策划中。辅导员也很慷慨，时常会邀请班干部和助理去链接其他学校和社会资源，这让我大开眼界。

大学期间，我不仅在很多高级餐厅吃到了很多以前从没吃过的美食，还遇到了很多不同领域的专业老师和成功校友，他们的思维和故事都影响着刚成年的我。

有一个创业成功的学长，他“用思维赚钱”的观点在我的心里扎了根。他说，人要思变，不断成长，而不是一味蛮干！

那时候，除了一些简单的兼职，我也开始思考如何在思维上突破赚钱的卡点。

我的改变就这样悄悄发生了。我主动链接一些擅长挣钱的学长和学姐，在他们的帮助下，我得知了有校园代理这个渠道，因为考研、考教师资格证、考驾照等都是学生中非常火热的，招募一个学生就可以有不错的提成，相当于我促销一天的劳务费。于是，我开始拿出自己的存款策划各种活动、设计海报和流程，并且招募了团队，做一场学生活动就能取得不错的招募业绩。

后来，我跟着另一个学长开始创业，做大学生兼职市场，而这一切经历都验证了“用思维赚钱”，人要善于投资自己的大脑，学会链接，获得信息差。

第一次金钱观的形成，让我深刻学习到了三点：

- 没有钱的时候，要懂得去链接和成长，获取信息差；
- 钱越少的时候，去投资试错的成本是最小的，最重要的是培养自己的投资意识；
- 对于赚到的钱，最好的方式就是不要让它待在口袋里，而是让钱生钱。

第二次金钱观得到升级，发生在儿子出生的那一年。

那时候，我们刚到上海，经济条件非常不好，每次孩子过敏去医院都会花不少钱，加上当时儿子是混合喂养，购买特制的羊奶粉很贵，这让我压力很大。

仔细计算后发现，我们小家庭花销最大的部分就是租房和吃饭。

那时候，我很节省，每次都会去超市买打折的菜，尽量不去饭店吃饭，但是省来省去，还是那么多钱，后来“开源”的想法在我脑海里出现。

因此，我一边认真“节流”，计算家庭的收入和支出情况，一边去“开源”，让自己学会多赚钱，而在这个过程中我明白了：

- 年轻的时候，一定要有赚钱的意识；
- 真正会赚钱的人，不会满足于一个赚钱渠道；
- 要相信赚钱不是丢脸的事情，而是你的价值、技能及综合能力的变现结果。

在不断地尝试过程中，我慢慢敢于正视自己的价值，学会谈钱，财富思维自然也得到了升级：

- 敢于接受别人给予超出自己预算的定价，要知道没有人会为你白白付钱，除非你值得；
- 认可自己的价值，主动和金钱建立良性的关系和链接；
- 金钱的多渠道来源，在于你的匹配和挖掘：工资、投资、其他收入。

成为二胎妈妈后，我的金钱观有了第三次更新迭代，主要源自我和其他人的深入合作。

那一年，我有机会和一些 IP 合作，我不断埋头做事，在这个过程中，我不在乎钱，一心只想做好事情，甚至有自己的“英雄气概”。

我非常乐意做牺牲，却很少为自己争取，长此以往，不但没有得到对方的尊重，还在“钱”这件事上一再被“苛待”，我认为是自己应该获得的部分，别人却可能觉得给得太多，甚至也有产生矛盾的时候。

那一年，我身心俱疲，所以我决定及时止损，我结束了一些不顺畅的合作。于是，我开始大量地阅读、参加课程及考试，拿到之前规划的一些证书。在这个过程中，我慢慢地将自己的目光往回收，找到内心的平衡点，同时经过不断复盘，发现了自己成长的卡点，能够更全面地看待自己。

2019—2020 年，我在自我成长上投资了十多万元，我重新爱上了投资自己，通过大量的阅读、学习、实践，我的个人能力得到了原始积累。沉浸式做好自己，内心便多了一份从容和安定。

自我觉察和反省觉悟，让我能够在面对他人的不友善时不争不辩，与其把时间消耗在别人的鸡毛蒜皮里，不如把精力还给自己，因为我自己才是自我管理和负责的核心，只有我有能力且有持续的充沛能量，才能够穷则独善其身、达则兼济天下。

因此，我的第三个金钱观很简单，那就是在遭遇低谷或是不知道该投资什么的时候，一定要投资你自己，无论是你的大脑还是你的身体。

你是你自己最大的贵人，你想要成为左手家庭、右手事业的斜杠女性，你自己的行动是第一步。

这些方法其实都很简单，比如，你买了这本书，并且在实践中运用了其中你认可的一两点。

如果看到这里你还是觉得自己对金钱没有什么想法，那么，从今天开始修正你的信念：钱是美好的，而你努力赚钱，就可以做很多有意义的事情，而且只有你创造价值才能更好地帮助别人、回馈社会。

普通人，一定要培养正确的财富观，可以助力你顺畅地开启副业。

坚定斜杠女性之路，成为最好的自己

这些年，我做了很多尝试，看似没有“恒心”。事实上，都是围绕女性教育板块进行的多样探索，最终才能成为一个自媒体创业 CEO。

通过“线上 + 线下”的方式，你可以尽己所能坚定自己的斜杠女性之路，同时尽情享受做妈妈的幸福，找到自己的价值，为他人做贡献。

在这些年的不断探索中，我一直感受到自己的内心在事业上的使命召唤，那就是让更多女性成为斜杠人才。而我的愿景是助力女性获得家庭事业双丰收，这一切都是基于诚信、专业、创新、共享的价值观。

坚定地走在斜杠女性探索的道路上，让我不断成为更好的自己，并继续向前。

出书梦：少年的作家理想得以实现

记忆中，在我 5 岁那年，父亲亲手给我做了一个书架，里面是他从市区带回来的书，虽然不多，但那时候的我为此感觉到无比欢喜。

上小学起，我非常喜欢写作，语文课上，老师时常把我的作品当成范文在全班同学面前展示，后来在各类作文比赛中我都获得了不错的名次。

那时候，我就立下意愿，以后要出书，要成为作家。

事实上，成长经历和生活遭遇让小小年纪的我承担了很多同龄人不需要背负的担子，以至于一开始我的力气都花在了生存这件事上，距离理想越来越远。

直到我成为妈妈，当初的梦想再次燃烧，我开始不停地写写写，每天都会坚持文字输出，后来的一切也让我深刻体会到了文字的力量。

写公众号没多久，我就开通了原创，链接了五湖四海的朋友，甚至邂逅了很多生命中的贵人……

念念不忘，必有回响。当我想要写一本书，我的导师和朋友都给我推荐了不错的出版社和编辑老师。

在反复的打磨和修改之后，终于，我的处女作和大家见面了。感谢你们每一次的信任和支持，你的购买、阅读和分享，都在为我的成长助力，感恩遇见！

读书梦：成为一个终身成长者

我的内心对于读书是有执念的，因为读书将我带向了远方，又让我回归内心，我对好书有真挚的爱。

成为斜杠女性，让我有更多的时间去阅读，也实现了“读书自由”。与好书相遇，每一个作者都仿佛是我们的一位老友，他们的文字或是打动我的心，或是激励着我，让我不断成长。

迄今为止，每年我都要阅读 100 本以上的书，而这让我不断成熟，并爱上当下的自己。

作为普通人，真心建议大家多多阅读，让那些经验和阅历丰富的作者走进你的生活中，借助书中的方法、技巧、启发去放大你的优势，打破资源匮乏的困局，从你的已知世界出发，去探索书的未知世界。

通过阅读，滋养生命，成为一位终身成长者。

创业梦：我喜欢现在的斜杠身份

小时候稀里糊涂地长大，然后又按部就班地上学，我的人生真正开始醒悟是在大学时期，不断成长是在成为人妻之后，而探索突破是在成为妈妈之后，我想寻找一个既能够兼顾家庭又能够创造价值的个人成长模式。

从淘宝店主，到现在的自媒体创业 CEO，我非常喜欢过往所有经历过的斜杠身份，也会持续围绕女性成长去探索新的身份。

这一切的尝试都让我增长了见识，不仅获得了直接的经济收益，让我不用为生活开销发愁，更让我学会在任何环境中都能灵活变通，发现需求，解决问题，最终实现交付和变现，完成个人的成长和迭代。

家庭梦：一家人成为彼此的真朋友

我深爱自己的家庭，无论是我的丈夫还是孩子们。

于我而言，我知道父母是有保质期的，18 年的时间，孩子们就会长大成人，而我很想抓住和他们在一起的时间，彼此进行良性互动和深入交流，因此孩子们成长的每一天我都不想错过。

但是，养育孩子的确是一个系统而困难的工程，尤其在当今信息变化巨大的世界里；而我的丈夫，是我一生的伴侣，也是我育儿路上的最佳拍档，我需要先和他亲密无间，才能更好地一起养育孩子们。即使有一天，孩子们都远走高飞，我们的婚姻仍然可以因为我们之前的努力付出和用心经营而让爱有增无减。

然而，这一切都需要占据我很大的精力。成为斜杠女性，让我有更多的时间去经营我的家庭，可以在爱的基础上，善用管理思维进行自我管理，与此同时，我还会设计各种有趣的互动让我们一家人成了彼此的真朋友。

如果你也想实现家庭和事业的平衡，建议你成为斜杠女性，坚定地成长，你终将成为最好的自己，进而实现你的梦想，一次又一次爱上内心强大的自己，享受生活中各种角色给你的馈赠。

立即行动去成长，相信你可以

在中国，每个普通人都有各种各样获得成功的渠道，尤其是在互联网飞速发展的今天，我作为普通人，获益匪浅：

- 我是亲自带俩娃的全职妈妈，没有保姆和老人帮忙；
- 我家境普通，沪漂，没有背景、没有资源、没有家底；
- 我学历普通，高考失利后，专科再自考本科，获得学士学位；
- 我天资平平，比起众多大咖，我还有很长很长的路要走；

……

但是，这些年的每一天我都在向内成长，用行动去取得实际的进步，不断做可以带来时间复利效应的事情：我每天至少有 3 小时在主动学习，4 小时在用心工作，5 小时在经营我的家庭，我围绕事业、家庭和个人成长的维度不断打磨自己，不断寻找阶段性的平衡。

你的成长力，是你未来持续收获的最佳保证。

在竞争压力加剧、养育成本上升的育儿焦虑大背景下，“80后”“90后”妈妈如何照顾和陪伴孩子，如何平衡家庭与工作，又如何在压力下享受生活，答案其实都在你的行动里。

从古到今，有很多女性用自己的坚强和勇气开创了不一样的生活探索。克丽丝特尔·潘恩写的《会赚钱的妈妈》一书，讲述了众多女性的创业故事，她们都因为自己的不懈努力和坚持行动而找到了商机、经营着事业、获得了慷慨生活的智慧，她们都是典型的斜杠女性。

现在，有非常多的女性意识到了家庭教育的重要性，她们非常爱孩子，也想照顾好家庭，与此同时也不想放弃为社会作贡献，于是她们打磨技能，通过互联网技术寻找在家办公的自由职业，达到家庭和事业的平衡。

事实上，人和人的差距首先在思维，其次在行动。当你读到这本书，建议你立即行动去成长，你也可以不断进步，成为斜杠女性。

想一下，阅读完这本书，哪些话触动了你？哪些思维让你的认知产生了迭代？哪些行动让你跃跃欲试？

去行动吧，不要害怕失败，因为再好的目标都需要你迈开步伐。

去行动吧，不要害怕犯错，更不要为此遗憾，因为你敢于试错的勇气，能够帮助你最终找到正确的方向。

种一棵树最好的时间是十年前，其次是现在。如果你想要成为斜杠女性，现在就开始行动吧，给自己一点耐心去夯实基础，终有一天，你也能持续而稳步地上升，绽放出属于你的光彩，这就是最正确的成长姿态。

|附录|

斜杠女性必读书单

自我提升篇

1.《认知觉醒》 周岭 开启自我改变的原动力，个人成长方法论

2.《自控力》 凯利 · 麦格尼格尔 帮助你找到提升自控力的有效途径

3.《打开心智》 李睿秋 人生破局的关键思维：以我为主，为我所用

4.《四千周》 奥利弗 · 伯克曼 人一辈子只有 4000 周，接纳人生的不完美

5.《微习惯》 斯蒂芬 · 盖斯 简单到不可能失败的自我管理法则

6.《5% 的改变》 李松蔚 用微小的行动去打破惯性和困局

7.《成功人士的七个习惯》 王志刚 你的行动决定你的价值

8.《人是如何学习的》 约翰 洞悉学习的底层逻辑，掌握真正的学习方法论

9.《时间管理》 吉姆 · 兰德尔 击退拖延症，创建适当的目标

10.《认知驱动》 周岭 成长的根本是创造价值、做成事情

财商启蒙篇

1.《小狗钱钱》 博多·舍费尔 小白理财的入门书籍

2.《有钱人和你想的不一样》 哈维·艾克 有钱人为什么会有钱？穷人为什么会贫穷？

3.《富爸爸，穷爸爸》 罗伯特 穷人与富人的思维差别

4.《财富自由之路》 李笑来 认清自己的能力，然后依靠它实现财富自由

5.《慢慢变富》 松浦弥太郎 让人生更富有的金钱与工作法则

6.《聪明的投资者》 本杰明·格雷厄姆 投资与投机是有区别的

7.《一本书读懂财报》 肖星 一本进行财报解读、财务分析的经典著作

8.《小岛经济学》 彼得·希夫 讲述鱼、美元和经济的故事，生动形象，易于理解

9.《“错误”的行为》 理查德·塞勒 行为经济学是怎样形成的

10.《穷查理宝典》 彼得·考夫曼 理解商业社会和投资本质必读书

情商建立篇

1.《人性的弱点》 戴尔·卡耐基 从人性的角度挖掘人潜在的弱点

2.《情商》 丹尼尔·戈尔曼 讲述为什么情商比智商更重要

3.《非暴力沟通》 马歇尔·卢森堡 学会诚实、清晰地表达自我和倾听

4.《亲密关系》 罗兰·米勒 亲密关系是人类经验的核心

5.《社会性动物》 埃利奥特·阿伦森 社会影响会如何影响我们

6.《关键对话》 科里·帕特森等 如何有效沟通，剖析了人们在沟通中的盲点

7.《金字塔原理》 芭芭拉·明托 讲述思考、表达和解决问题的逻辑

8.《积极改变：成就职场达人的情商课》 这是一本职场情商管理指南

9.《沟通的艺术》 拉塞尔等 看入人里，看出人外

10.《学会提问》 尼尔·布朗 如何养成批判性思维

温暖治愈篇

1.《人间值得》 中村恒子 这是你自己的人生，只要活出自己就好

2.《山月记》 中岛敦 人，焦虑到极致，会变成野兽

3.《云边有个小卖部》 张嘉佳 写给离开我们的人，写给陪伴我们的人

4.《山茶文具店》 小川糸 与其苦苦追求失去的，不如好好珍惜眼前拥有的

5.《等一朵花开》 林帝浣 可不可以，陪我长大，而不是教我长大

6.《为这人间操碎了心》 梁实秋 闲，要闲得有滋味；忙，要忙得有价值

7.《蛤蟆先生去看心理医生》 罗伯特 蛤蟆先生与心理医生的十次谈话

8.《世界尽头的咖啡馆》 约翰·史崔勒基 你为什么来到这里？你害怕死亡吗？

9.《人生永远没有太晚的开始》 摩西奶奶 只要你愿意开始，任何时

候都不晚

10.《你今天真好看》 莉兹·克里莫 从各种萌物中感受幽默和治愈

文学经典篇

1.《活着》 余华 人是为活着本身而活着的，而不是为了活着之外的任何事物所活着

2.《追风筝的人》 卡勒德·胡赛尼 为你，千千万万遍

3.《边城》 沈从文 普通女孩翠翠阴差阳错的生活悲剧

4.《围城》 钱锺书 外面的人想进来，里面的人想出去

5.《飘》 玛格丽特·米切尔 明天又是新的一天

6.《杀死一只知更鸟》 哈珀·李 有一种东西不能遵循从众原则，那就是人的良心

7.《动物农场》 乔治·奥威尔 太阳底下并无新鲜事

8.《人生海海》 麦家 动乱时代下，人性的善与恶

9.《月亮与六便士》 毛姆 满地都是六便士，他却抬头看见了月亮

10.《平凡的世界》 路遥 死亡，是伟人和凡人共有的最后归宿

心理成长篇

1.《人生只有一件事》 金惟纯 先修炼好自己，才能够修炼家庭、职场

2.《活出生命的意义》 维克多·弗兰克尔 知道为什么而活的人，便能生存

3.《自卑与超越》 阿尔弗雷德 环境的意义不在于束缚，而在于我们的赋予

4.《你只是看起来很努力》 李尚龙 为什么你一直努力，却没有满意的成果？

5.《遇见未知的自己》 张德芬 我们为什么常常不快乐

6.《少有人走的路》 斯科特·派克 帮助我们去探索爱的本质

7.《心理学与生活》 理查德·格里格 困扰我们的不是外界的困难，而是对于内心的无知

8.《社会心理学》 戴维·迈尔斯 人与人的本质如此相似，欲望和需求却如此不同

9.《被讨厌的勇气》 岸见一郎、古贺史健 一切烦恼都来自人际关系

10.《爱的艺术》 艾·弗洛姆 爱是一门艺术，是人格整体的展现

斜杠女性社群

关注公众号“孙小样”，回复“斜杠女性社群”，就有机会进入高价值女性社群。

| 后记 |

努力成为一名富有成长力的斜杠女性

没有人能够预知未来，但是每个人都有机会完成自我管理。

随着年岁渐长，愈发觉得世间所有遇见和美好都需要个人付出勤奋和努力，去寻找方法、积极行动吧！

也许你现在的状态不是很好，你觉得家务缠身，你觉得孩子年幼，你甚至觉得自己的一辈子只能这样了，不妨静下心来，每天给自己一些独处的时间，去思考你到底要成为什么样的人，要过怎样的一生。

这个世界不缺知识和信息，缺的是行动力，你需要厘清思路、做出选择，最终沿着自己选择的路坚定地走下来，你会惊喜地发现，那些和你不期而遇的人、那些和你相见恨晚的人，跨越山水出现在你的生命里，无论过程如何，都将助力你的成长。

没有任何人能够拥有完美的“出厂设置”，我们的人生有很多不可预料的情况，十多年前的我，从没有想过自己会有现在的幸福生活，正是因为一次次的行动，让我不断看清哪些事更为重要。

亲爱的你，无论如何，请记住，你的人生角色、你的生命质量、你的知识智慧、你的人际关系、你的不断成长，都是成长的多个维度，而你日复一日地正确行动，可抵岁月漫长，让你成为自己——最好的自己。

坚持成长，让我坚信知识能改变命运，从一个全职妈妈到现在的自媒体创业 CEO，我获得了非典型职场的从容和喜悦；坚持成长，让我坚信热爱的力量，享受阅读、享受写作、享受婚姻、享受陪伴孩子们慢慢长大的每一天。

鼓足勇气积极成长吧，哪怕一路风尘与坎坷，哪怕路途中伴随着迷茫和绝望，只要你还在走着，就会有收获。

当你富有成长力，你终将找到解决问题的答案，也会打破所有的艰难险阻，一切的付出都会给你加倍的馈赠，助力你实现美好人生。

这本书讲述了我对斜杠女性的定义和价值观，也分享了我作为一个斜杠女性的十年探索成长之路，以及一些可复制的行动路径。希望它能帮助你开始行动，打磨自己的核心技能、发展你的相关技能、拓展你的个人收入和价值、实现你的理想和使命，最终让你成为平衡家庭和事业的斜杠女性，尽情享受你的斜杠人生。

我很享受当下的生活，也非常热爱我的事业，很期待在未来的日子里，和你有更多的交流和互动。

当然，成为斜杠女性并不是一件容易的事情，会遇到很多的挑战和压力，但是也并不难，只要你付出更多的努力和牺牲，总有成功的那一天。

同时，你不是孤单的一个人，成长的路上，我们一路同行，请不要害怕或放弃，请坚持或调整，请学习或改进，请享受或感恩，你终将体会到“轻舟已过万重山”的畅意轻妙。因为这一切都是你成长和进步的过程，也是你实现梦想和理想的过程。

努力成为一名富有成长力的斜杠女性，你会找到自己的热爱，实现自己的梦想，活成自己最好的版本，绽放独一无二的精彩人生。

努力成为一名富有成长力的斜杠女性，你能实现左手家庭、右手事业，还可以帮助和影响更多人，创造价值，造福社会。

当你开启行动，你的内心就会有无形的力量推着你勇往直前，坚持不懈；当你不断成长，你的潜能就会被无尽地激发，你会神采奕奕，满心欢喜。

生活的道路上，遇到十字路口时，你也许会迷失方向、不知所措，但是一个持续成长的斜杠女性，她有足够的智慧，去思考自己为什么出发，要去哪里。

请相信，每一个人都有机会成为了不起的自己，只要你愿意成长，找到真正的自己，坚持美好的特质，终身学习，就没有到不了的远方。

在这里，我要再次感谢支持我的家人、朋友、同事、合作伙伴、客户、学员、读者们，没有你们的理解、鼓励、帮助、合作、信任、反馈、评价，我不可能走到今天，也不会出版我人生的第一本书，更不可能成为左手家庭、右手事业的斜杠女性。你们是我最大的动力和财富，你们是我最亲爱的朋友和伙伴，你们是我最想要感谢的人。

最后，祝福每一个读过这本书的人，无论你是不是一个斜杠女性，无论你想不想成为一个斜杠女性，无论你对斜杠女性有什么看法或感受，我都希望你能够拥有快乐和充实的生活，我都希望你能够实现自己的梦想和理想，我都希望你能够给自己和家人创造更多的幸福和价值，我都希望你能够给社会作出更多的贡献和影响。按照自己的意愿过完一生，无怨无悔也内心安宁富足。